IUCN 环境政策与法律丛书　第 30 号

生物多样性译丛(四)

生物多样性公约指南

Lyle Glowka　　Francoise Burhenne-Guilmin　　Hugh Synge
Jeffrey A. McNeely　　Lothar Gündling

中华人民共和国濒危物种科学委员会
中国科学院生物多样性委员会　　译

科 学 出 版 社

北 京

内 容 简 介

《生物多样性公约》是一项世界各国保护生物多样性、可持续地利用生物资源和公平地分享遗传资源所创效益的承诺。本《指南》除对公约作出解释外，还重点解释了制订公约所根据的某些科学、技术和法律问题。

本书可供生物学、环境保护学、法学工作者参考。

图书在版编目（CIP）数据

生物多样性公约指南 /（德）莱尔 - 格洛夫卡（Lyle Glowka）等著；中华人民共和国濒危物种科学委员会，中国科学院生物多样性委员会译. —北京：科学出版社，1997.8 （2019.7 重印）
书名原文：A Guide to the Convention on Biological Diversity
ISBN 978-7-03-006091-4

Ⅰ．①生…　Ⅱ．①莱…②中…　Ⅲ．①生物多样性 – 生物资源保护 – 国际条约 – 指南　Ⅳ．X176-628

中国版本图书馆 CIP 数据核字（2019）第 062789 号

责任编辑：张静秋 / 责任印制：张　伟
封面设计：蓝正设计

科 学 出 版 社 出版
北京东黄城根北街 16 号
邮政编码：100717
http://www.sciencep.com
北京厚诚则铭印刷科技有限公司 印刷
科学出版社发行　各地新华书店经销
*
1997年8月第　一　版　开本：890×1240　1/16
2023年1月第四次印刷　印张：9
字数：253 000
定价：98.00元
（如有印装质量问题，我社负责调换）

A Guide to the Convention on Biological Diversity

Lyle Glowka, Francoise Burhenne-Guilmin and Hugh Synge
in collaboration with
Jeffrey A. McNeely and Lothar Gündling

Environmental Policy and Law Paper No. 30

IUCN Environmental Law Centre
IUCN Biodiversity Programme

A Contribution to the Global Biodiversity Strategy

IUCN –The World Conservation Union
1994

目　　录

中译本序

　　《生物多样性公约》是生物多样性保护进程中的具有划时代意义的文件。自1992年联合国环境与发展大会通过该公约以后，有关的国际组织和各国政府积极行动，认真履行《生物多样性公约》。通过制订生物多样性国家报告(Country studies)、国家保护策略(National strategy)和保护行动计划(Conservation action plan)等一系列活动，大大促进了全球性的生物多样性保护行动。

　　中国是生物多样性特别丰富(Mega-diversity)的少数国家之一，在全球生物多样性保护中占有很重要的地位。中国政府十分重视生物多样性保护工作，国务院总理李鹏代表中国政府在1992年环发大会上签署该《公约》，并很快得到了中国政府的批准。继而在国务院环境保护委员会之下成立了履约协调组，并开展了包括制订《中国生物多样性保护行动计划》等在内的一系列履约行动。

　　中国科学院积极参与国家生物多样性保护行动。利用几十年积累的大量资料和设施，为国家履约提供科技支撑。为了加强这方面工作，我院于1992年成立了中国科学院生物多样性委员会，会同院内有关部门，统一协调生物多样性研究和保护工作。该委员会除积极参与、组织生物多样性研究项目和信息系统建设工作以外，还编辑出版有关的书籍和杂志。为了配合我国更好地履行《生物多样性公约》，该委员会与中华人民共和国濒危物种科学委员会一道，受IUCN的委托组织翻译了《生物多样性公约指南》一书。有理由相信，该书的出版定会促进我国各有关部门的履约行动。我们也希望有关的政府部门和组织与我们开展更多的合作，发挥各自的优势，把我国的履约工作做好，为我们特别是我们的后代保护好中国丰富但受到严重威胁的生物多样性。

　　最后，向为该书中译本的正式出版付出艰苦努力的科学家和编辑同志表示诚挚的谢意。同时也感谢IUCN等有关国际组织的大力支持。

陈宜瑜

1997年6月

编辑的话

出版《生物多样性公约指南》的目的主要是解释该《公约》的文本。本书在有些地方尽可能地提供履行《公约》某项条款的多种选择。总的说来,书中的建议多引用当前已有的环境政策文件及行动计划,如《世界自然保护纲要》、《关心地球》、《全球生物多样性策略》、《二十一世纪议程》等。为避免个别缔约国或一些缔约国共同有偏见地对公约作进一步的解释,我们尽量使《指南》能客观。

本《指南》是一本参考材料,主要读者对象是想更多地了解《生物多样性公约》和掌握履约各种步骤的人士。本书可根据需要选读。希望本书中的目录、书眉和专栏等编辑手段能为阅读本书提供方便,并全面了解履行《公约》及其各个条款的有关内容。书后附有参考书目录。

前　言

《生物多样性公约》是一项具有历史意义的承诺,是一项世界各国保护生物多样性、可持续地利用生物资源和公平地分享遗传资源所创效益的承诺。它是全面探讨生物多样性方方面面即遗传资源、物种和生态系统的第一个全球性协议。

《公约》于 1993 年 12 月 29 日生效,恰好是在 1992 年里约热内卢召开联合国环境与发展大会上签署后的十八个月。《公约》缔约国认识到,《公约》以实现各种目标为主,这样各国可以采取较为灵活的方法,去完成保护生物多样性和可持续地利用生物资源之艰巨而复杂的任务。这样,各国目前便面临一项重大的挑战,那就是履行《公约》的挑战。

为方便《公约》的执行,IUCN 采取的第一项工作就是出版《生物多样性公约指南》一书,以使众人能更清楚地了解《公约》文本的内涵及外延。《指南》对公约作出解释外,重点解释了制定公约所根据的某些科学、技术和法律问题。若有助于对所分析条款的理解,评论部分同时提供可能采取的方法及可供的选择。

然而,本书并不是一本有关怎样保护生物多样性或者怎样可持续地利用生物资源的手册或策略。在这方面,IUCN 已经参与或者主持了不少重要文件的编写工作,特别是 IUCN 同世界资源研究所及联合国环境规划署共同编写的《全球生物多样性策略》(1992)。我们与联合国环境规划署和世界自然基金会共同编写了《世界自然保护纲要》(1980)和《关心地球》(1991)两书,后者把保护的涵义扩大到在大自然的限度内实现可持续生存的更广阔的范畴。

我们会竭尽全力协助各缔约国执行《生物多样性公约》。我们几乎每天都会从我们的成员中接到各种信函,包括政府、政府机构及非政府组织,他们要求解释《公约》并协助他们制定履行《公约》的策略、计划和立法。《指南》是我们对这些要求的回复之一。我们将发挥网络、手册、准则及其他技术上的优势,支持这项工作的开展。

我们希望《指南》中的分析能对履行《生物多样性公约》及对生物多样性感兴趣的人士有所裨益。我们也希望必要时对《指南》进行修改,尤其是要反映缔约国大会作出的决定。

《生物多样性公约指南》由 IUCN 环境法项目及生物多样性项目联合出版。瑞士政府特别是"人类合作与发展部"为本书的出版提供了经费,在此表示衷心感谢。

我也要感谢我的前任 Martin W. Holdgate 博士,从环境法中心编写《指南》起到完成为止,他本人始终表示出极大的兴趣。

David McDowell
世界自然保护联盟总干事

致　谢

　　《指南》从 1993 年初开始编写,它是长期辛劳工作的结晶。1993 年 6 月,《指南》的初稿与 IUCN 秘书处几经讨论磋商后完成,之后征求了 IUCN 内部的意见。初稿的修订本于 1993 年 10 月广泛征求 IUCN 外部的意见。修订稿也送交 IUCN 工作人员、所有委员会及环境法委员会所有成员审核,同时也在参加 10 月份在 IUCN 总部召开的全球生物多样性论坛及生物多样性公约政府间委员会第一次会议的成员间进行了散发。

　　为收到更多的反馈意见,使《指南》更好地镶合国家及地区特色,1993 年 11 月举办了两次研讨会。第一次研讨会在巴基斯坦的伊斯兰堡召开,IUCN 巴基斯坦国家办公室承办。研讨会以《指南》为基础,向一个代表政府及非政府组织的跨学科专家组介绍并解释了《公约》,并通过对《公约》的讨论,力求获得《指南》的改进意见。第二次研讨会在厄瓜多尔的基多召开,IUCN 南美地区办公室举办。参会人员主要是来自南美洲的政府及非政府组织的法律专家,包括阿根廷、智利、哥伦比亚、厄瓜多尔、巴拉圭、秘鲁、乌拉圭和委内瑞拉。这次研讨会重点讨论了执行《公约》应当配套的国家立法,对《指南》在法律方面的内容提出了不少意见。我们非常感谢参会人员能抽出时间参加这两次研讨会,并衷心感谢巴基斯坦和基多的 IUCN 成员,尤其是成功举办这两次会议的 Aban Marker Kabraji(伊斯兰堡的巴基斯坦国家代表)和 Lius Castello(基多南美地区办公室的 IUCN 代表)。IUCN 环境法委员会主席 Parvez Hassan 先生在巴基斯坦研讨会上表现出非凡的领导能力和远见卓识,在此亦表示感谢。

　　为《指南》提供帮助的人很多,他们有的经过深思熟虑提出了口头或书面的意见,有的回答了我们的问题,有的寄给我们材料,我们十分感谢下列各位人士:

　　Wale AJAI (Lagos, Nigeria), Marc AUER (Bonn, Germany), George AYAD (Rome, Italy), Amb. Julio BARBOSA (Buenos Aires, Argentina), Hyacinth BILLINGS (Washington, DC, United States of America), Simone BILDERBEEK (Amsterdam, The Netherlands), Ron BISSET (Gland, Switzerland), Alan E, BOYLE (London, United Kingdom), Ulf CARLSSON (Nairobi, Kenya), Manab CHAKRABORTY (Geneva, Switzerland), Melinda CHANDLER (Washington, DC, USA), Anne DUFFY (Gland, Switzerland), Martin H. EDWARDS ()Kingston, Canada), José ESQUINAS-ALCAZAR (Rome, Italy), José Enrique GARRIDO (Madrid, Spain), A. Ghafoor GHAZNAWI (Paris, France), L. Val GIDDINGS (Hyattsville, USA), Wendy GOLDSTEIN (Gland, Switzerland), Frank P. GRAD (New York, USA), Alistair GRAHAM (Tasmania, Australia), Barry GREENGRASS (Geneva, Switzerland), Anil K. GUPTA (Vastrapur, India), André HEITZ (Geneva, Switzerland), Gudrun HENINE (Berlin. Germany), Vernon HEYWOOD (Richmond, UK), William IRWIN (Washington, DC, USA), Silvia JAQUENOD DE ZSÖGON (Madrid, Spain), Calstous JUMA (Nairobi, Kenya), Aidar KARATABANOV (Nairobi, Kenya), Lee A. KIMBALL (Washington, DC, USA), Ken KING (Washington, DC, USA), Veit KOESTER (Copenhagen, Denmark), William LESSER (Geneva, Switzerland), Arturo MARTINEZ (Geneva, Switzerland), Flona McCONNELL (London, UK), Nikki NEITH (Gland, Switzerland), Usha MENON (New Delhi, India), Gabriel MICHANEK (Uppsala, Sweden), Kenton R. MILLER (Washington, DC, USA), Patti MOORE (Bonn, Germany), Gonzalo MORALES MOTT (Washington, DC, USA), John MUGABE (Maastricht, The Netherlands), Daniel NAVID (Gland, Switzerland), Hon. Justice J. D＞ OGUNDERE (Benin-City, Benin), Adrian OTTEN (Geneva, Switzerland), Michel PIMBERT (Gland,

Switzerland）, Walter V. REID（Washington，DC，USA）, Tasos SAKELLARIS（Canberra，Australia）, Cyrie SENDASHOUGA（Nairobi，Aenya）, David SHEPPARD（Gland，Switzerland）, Ana SITTENFELD（Heredia，Costa Rica）, Wendy STRAHM（Gland Switzerland）, Simon STUART（Gland，Switzerland）, Jim THORSELL（Gland，Switzerland）, Amado TOLENTINO（Quezon City，Philippines）, P. VAN HEIJNSBERGEN（Bussum，The Nethlands）, Peter WAAGE（Berks，UK）, Torsten WÄSCH（Bonn，Germany）, Gustavo WILCHESCHAUX（Popayan，Colombia）, K. WOUTERS（Brussels，Belgium）and Farhana YAMIN（London，UK）.

我们非常感谢设在联合国环境规划署的生物多样性公约临时秘书处,它向我们提出了对《指南》的看法,同时在生物多样性公约政府间委员会第一次会议上协助散发《指南》的首稿。

IUCN 环境法中心的 Dennis Schmitz 和 Maaike Bourgeois 为我们作了大量的秘书工作,并不厌其烦地修改《指南》的评论。

最后,我们对即将离任的 IUCN 总干事对这项工作的启动和进行给予的支持深表谢意。

我们同时感谢对《指南》提供帮助的所有人士。对《指南》中出现的错误之处,我们深表歉意。

Lyle Glowka
Françoise Burhenne-Guilmin
Hugh Synge
1994 年 9 月

引　言*

《生物多样性公约》于 1992 年 5 月 22 日在内罗毕讨论通过,同年 6 月 5 日,150 多个国家在巴西的里约热内卢联合国环境与发展大会上签署了这份文件。大约 18 个月后的 1993 年 12 月 29 日,该公约付诸实施。

该条约是环境与发展领域中的里程碑,因为它第一次综合地提出了地球生物多样性的保护和生物资源的可持续利用。出于道德、经济利益,更确切地说人类生存等原因,条约认识到了《世界自然保护纲要》(1980 年)、《关心地球》(1991 年)、《全球生物多样性策略》(1992 年)以及其他国际文件提出的重要观点,即生物多样性和生物资源应当得到保护。对我们的后代来说,我们这个时代最大的遗憾或许就是生物多样性丧失所带来的环境压力,因为大多数生物多样性的丧失如物种的绝灭是不可挽回的,这一点《公约》已明确接受。

然而,《公约》超出了生物多样性保护和生物资源可持续利用的范畴,它还涉及遗传资源的获取、遗传资源惠益的分享以及包括生物技术在内的技术获取等问题。

《公约》承认生物多样性在全球的分布是不均匀的。发达国家生物资源贫乏,生物多样性储备在过去已消耗殆尽,而这一储备仍可见于生物资源丰富的发展中国家。如果要保护生物多样性,势必会给发展中国家施加沉重的压力,因为利用生物资源在相当长的一段时间内仍将是发展中国家谋求发展的重要条件。《公约》也承认,工业化发达国家的捐助(不仅是财政上的)及发展中国家和发达国家的伙伴关系的加强,反过来能缓和这种压力。

《公约》的特点

《生物多样性公约》从两种意义上来说是个框架性协议文件。第一,大部分条款的履行方式由各成员国来决定,因为它的规定大多以总体目标和方针的形式体现,而不像有些公约如《濒危野生动植物种国际贸易公约》(CITES)那样具体。本《公约》也未趋同制定目标的方式,如近期出台的"欧洲理事会关于保护野生动植物天然及半天然生境法令"列出了应恢复到"令人满意的水平"的数百个物种。相反,它把主要的决策权放在国家水平,这同其他与生物多样性保护有关的条约有别,不列名录,没有承认地点或应保护物种的附录。

有关保护和可持续利用的条款,《公约》着重在国家级的行动并为下列两个关键条款所强调。第 1 条规定了《公约》要达到的目标,包括生物多样性的保护及可持续利用的目标。第 6 条要求每个缔约国都要制定本国生物多样性保护和生物资源可持续利用的策略、计划或纲要。这样,各缔约国不得不充分发挥后面各条款所规定的权力和义务,以实现第 1 条中的总体目标。

后面的几项条款制定了应执行的政策。第 8 条提出了有效实施生物多样性就地保护的主要政策,并向各缔约国提出了一系列的目标,以便与各国的法律和政策相匹配。有关迁地保护的第 9 条、生物资源可持续利用的第 10 条以及环境影响评估的第 14 条都提出了类似的要求。这些目标还跟有一些不尽明确的承诺,包括研究、培训(第 12 条)、教育及科普宣传(第 13 条)等。

有关遗传资源的获取(第 15 条)及技术的获取和转让(第 16 条)的条款既复杂又不明确,各缔约国在执行方面便有了许多余地。有关财政的条款(第 20、21 和 39 条)在某种程度上有意留出含糊的地方让缔约国大会去澄清。《公约》的这部分仅仅给出了有关标准,使得该条约在 1992 年 6 月 5 日里约热内卢举行的联合国环发大会上的签字最后期限到来之际得以按时完成。

从第二种意义上说,该《公约》是个框架协议是很明显的,它强调的是缔约国大会要进一步协商附录和草案的可能性。

---

* 此引言是由 Françoise Burhenne-Guilmin 和 Susan Casey-Lefkowitz 1992 年出版的国际法年鉴中的文章改写而成。

起源和历史

在由联合国环境规划署主持的对该《公约》的起草和进行的政府间谈判开始之前,国际上已有许多专家提出了拟定全球《生物多样性公约》的想法,并积极促进该《公约》的形成。

在联合国大会的建议下,世界自然与自然资源保护联盟(IUCN)始终致力于《公约》的起草工作,特别是在 1984 至 1987 年间,该联盟探索了形成这一《公约》的可能性,并于 1984 至 1989 年间多次起草和修改《公约》所包括的条款。这份由世界自然与自然资源保护联盟环境法中心起草的《公约》草案得到了无数专家特别是 IUCN/WWF 植物咨询组的帮助。该草案旨在提出在物种、基因和生态系统水平的生物多样性保护所需的行动,并强调保护区内或保护区外的就地保护。它还包括提出财政资助机制,以在发达国家与发展中国家之间合理分配保护的负担。同时也反映出如果没有新的追加资金,《公约》将无法继续。

1987 年,联合国环境规划署(UNEP)执行委员会认识到需要加强保护生物多样性的国际努力。因此,由该组织成立了一个特别工作组,调查"统一本领域活动的框架公约的愿望及形式,同时也针对属于该公约范畴的其他领域"[UNEP 执行委员会,14/26(1987 年)]。

该小组于 1988 年底举行的第一次会议认为,已制定的有关生物多样性保护的公约只包括生物多样性保护的某些特定的问题,由于涉及面局限,不能满足全球性的保护生物多样性的需要。就全球而言,已形成的公约仅仅涉及了诸如具有全球意义的自然地点(世界遗产公约)、贸易对濒危物种造成的威胁(CITES)和特定生态系统(拉姆萨尔或湿地公约)。此外,还有一些区域性的自然与自然资源保护公约。总而言之,这些国际公约不能保证全球生物多样性的保护。因此,该组织认为需要制定一个全球性的法律文件。

人们很快认识到,制定一个包括或整理已有公约的框架公约的想法在法律和技术上都是行不通的。到 1990 年初,该特别工作组形成共识,制定一个新的全球生物多样性保护公约势在必行。该公约是一个建立在已有公约基础上的框架文件。

在讨论公约的范围时,人们很快发现许多国家未料到仅仅考虑严格的保护,同时也有一些国家不准备把讨论仅局限于野生资源。因此,公约的范围逐步扩大到包括生物多样性的各个方面,即野生与家养物种的就地和迁地保护、生物资源的可持续利用、遗传资源及相应技术的获取如生物技术的获取、利用以上技术得到的惠益的分配、与经遗传修饰的生物(即转基因生物)有关的各种活动的安全、新的财政支持的渠道等。

依据 IUCN 起草的公约草案和后来由世界粮农组织(FAO)起草的草案以及由联合国环境规划署进行的一系列研究,该特别工作组提出了大量可以包括在全球生物多样性公约中的条款。UNEP秘书处在这些条款的基础上得到了一个法律专家小组的协助,起草了《公约》的第一稿。

正式的谈判过程始于 1991 年 2 月。此时,该特别小组被指定为《生物多样性公约》政府间谈判委员会(INC)。

政府间谈判委员会将主要有争议的问题分为两组,逐条进行讨论。第一组处理概括性的问题,如基本原则、承担的义务、就地和迁地保护的措施以及与其他法律文件的关系。第二组处理有关遗传资源与技术的获得、技术转让、技术援助、财政援助机制和国际合作。两项工作的进展十分缓慢,谈判也艰难,尤其是在最后的协商部分。随着时间的推移,距离 1992 年 6 月签署《公约》的联合国环境与发展大会的日期已经接近,时间十分紧迫。

谈判经常于拂晓结束,就在内罗毕 5 月 22 日这最后一天,甚至在最后的时刻,该《公约》能否被通过,仍然没有把握。如果联合国环境与发展大会召开的日期没有确定的话,该《公约》是不可能在那一天被通过的。尽管如此,6 月 5 日在里约热内卢签署这项公约的国家数目还是空前的。《公约》通过后只有 18 个月便进入实施,也同样令人吃惊。

《公约》包括的议题

从几个方面来说,《公约》不蚩为一个生物多样性保护的里程碑。它第一次系统地阐释了生物多样性,第一次把遗传多样性包括在附有义务的全球性条约中,生物多样性保护作为人类共同关心的话题也是第一次得到正式承认。

《公约》不但包括技术转让及生物安全,而且还包括遗传资源的获取和利用等诸多问题,由此说明了它想涉及生物多样性所有方面的愿望。通过制定对发展中国家提供的财政支持的机制,来帮助它们履行《公约》。据此,提出了需要发达国家帮助发展中国家的新增财力问题。

下面以概括的形式讨论了《公约》中的主要问题,并且详细阐述了对个别条款的评注。

A. 国家主权与人类共同关心的问题

生物多样性应视为人类"共同遗产"的提法,在早期就遭到反对。因为生物多样性的大多数组分都分布在国家管辖的区域内。相反,它首先强调对生物资源的主权,然后在认为生物多样性是人类"共同关心"的议题。"共同关心"意味着对议题共同承担着责任,而不意味着自由的或无限制的获取,该议题对于整个国际社会是至关重要的。

国家对于其自然资源的主权权力的观点不仅在序言中提出,在正文中又两次提到。第3条原原本本地引用了斯德哥尔摩宣言的第21条原则,即国家拥有按照其自己的环境政策开发其资源的主权权力。有关遗传资源获取的第15条再一次申明国家对其自然资源拥有主权权力,并有权决定对遗传资源的获取。

然而,对于国家主权的强调通过两项义务得到平衡,即主权本身应承担的义务和生物多样性保护是整个国际社会共同关心这一事实。的确,序言首先强调了生物多样性保护是人类共同关心的议题,接着又一次重申国家拥有对其生物资源的主权权力。

缔约国对其管辖范围内生物资源所负有的责任也相应作了强调。序言清楚地阐明,缔约国有责任保护其生物多样性,有责任以可持续的方式利用组成这一生物多样性的生物资源。这一点在有关这些问题的责任和义务的接受方面也进行了强调,如第6条(保护与可持续利用的基本措施)、第8条(就地保护)和第10条(生物多样性组分的可持续利用)。

B. 保护和可持续性利用

《公约》包括一系列有关生物多样性保护与其组分的持续利用的长远义务。

如前所述,在战略规划方面,《公约》规定了众多的义务,包括制定国家策略和规划,把生物多样性保护和持续利用融合到国家有关部门的计划、项目和政策当中,并融合到国家决策当中(第6、第10条)。

为使各种行为建立在坚实的科学基础之上,每个缔约成员国都应确定生物多样性的重要组分,确定需要采取特别保护措施或具有最大持续利用潜力的优先部分。对于极不利于保护和利用的行为,其过程及类别亦应进行确定和监测(第7条)。

《公约》强调就地保护的重要性。其涉猎的范围非常广泛,既包括保护区系统的建立,还包括退化生态系统的恢复、濒危物种的拯救、自然生境的保护及自然生境中物种最小存活种群的维持(第8条)。迁地保护主要用以弥补就地保护的不足(第9条)。

有关生物资源持续利用的义务在若干条款中都有所体现,其中第10条进行了集中表述。《公约》缔约国承担协调和管理生物资源的保护和持续利用以及鼓励创造持续利用途径的责任。

土著民族或地方居民在保护生物多样性中具有重要作用,与此相关的知识和实践经验应得到保护。这是公平地分享他们的知识和创新的需要[第8条(j)款和第10条(c)款]。

最后,《公约》要求各缔约国不仅要采取研究、培训、教育和宣传措施,而且要利用有关的技术,如影响评估[第14条(1)(a)和(b)],应付突发情况的措施等以支持国家的决策[第14条(1)(c)-(e)]。

关于上述义务有四点需要说明。第一,《公约》对把保护和持续利用两个概念明确区分开来这个问题还存在争议。有些人认为广义的保护应该包括持续利用在内。《世界自然保护纲要》就这样认为。但为了叙述方便,还是把持续利用作为一个独立概念在第2条中予以定义,以强调各国尤其是发展中国家珍惜他们对生物资源的利用的至关重要性。相反,《公约》中没有对保护进行定义,有时用其广义的概念,有时用其狭义的概念。

　　总体而言,尽管《公约》中有关保护的概念有些含糊,但还是基本上反映了当前的保护概念。《公约》不仅一直认为生物资源和生态系统的持续利用是生物多样性保护的前提,而且阐明了生物多样性的某些组分应给予特殊考虑的必要性。因此,有关保护和持续利用的规定反映了《公约》总体目标的各个方面。

　　第二,《公约》的义务通常是关于具体的生物资源,而不是多样性本身。虽然全球生物多样性的保护是《公约》的核心内容,但这一点只能通过对其不同组分(生态系统、物种和遗传资源)或生物资源的有关规定实现。生物资源可以看作是生物多样性的源泉。由于《公约》提出了生物资源的利用,所以它含有更广泛的目标。

　　通过对生物多样性组分的关注,《公约》阐述了生物多样性丧失的原因,而不仅仅是现象。这同时也为持续发展提供了依据。这种超过生物多样性本身的整体途径,使得该《公约》对于每个国家都具有重要意义。不仅是物种多样性尤为丰富的国家,所有国家的生物资源,作为生物多样性的组分都包含在《公约》中。

　　第三,《公约》在谈及保护和持续利用的义务时,在大多数条款前都有一段限制其应用范围的句子。其目的在于使《公约》的履行与各缔约国的能力相联系。有时明确指出发展中国家与发达国家在承担义务方面的不同,有关资金机制的第20条就是一个例子。

　　这些限定也受到了一些批评。但是,人们早已认识到了区分发达国家与发展中国家能力差异的必要性,这样的限定因其在文本中的可变性而常常令人头痛,但它们在具有广泛目标的全球保护公约中近乎是固有的。1982年的联合国海洋法公约率先对这一限定的可能性、必要性和实践意义等进行了阐述。不论从定稿的《公约》还是其草案来看,这种修饰词旨在弱化义务本身。毕竟,比限定重要得多的是其愿望和履行手段。

　　第四,如前所述,是对国家级行动的强调。建立国际机制以确定优先重点的努力遇到了很大的阻力。发展中国家的七十七国集团认为这种努力是发达国家企图影响甚至支配有关生物资源的行动。许多方案如列全球性的清单被拒绝接受,因其被认为缩小了国家优先重点的范围,并附加全球性的优先重点,以开展一般意义的保护和特殊地点和特殊物种的保护。全球性清单是争论的焦点,最后以从文本中删除"全球性"作为结束。

　　《公约》对国家水平的行动和优先重点设置的强调是合乎需要的,其原因如下:①只有在国家或地区水平上生物多样性才能得以有效的保护,生物资源才能得到有效的管理;②各缔约国有可能重视在国家水平上确定的优先重点,而不是主要考虑全球意义而确定的优先重点;③生物多样性保护和生物资源的持续利用是如此的复杂,以致于具体任务的完成只能依靠国家甚至地区水平的工作。在所有环境问题中,严密的解决问题的方法可能是最经不起考验的。

　　但是,最终《公约》可能缺乏的是方法的一致性和目标的统一性,这些目标可以由国际水平的协调和设置共同的优先重点来产生。如果每个缔约国按其不同的标准来设置保护的优先重点,全球性的统一(导致《公约》的诞生)可能就不会实现。通过财政机制完成设置优先重点的措施仅仅是个缓和。因此,缔约国大会对统一方法的促进和指导作用就变成了关键。

C. 获取问题

　　这是《公约》谈判中最大的议题。为了讨论并履行《公约》的义务,发展中国家提出了自己的观点。他们不仅要求把《公约》变成实用性更强的文件,而且在《公约》中要规定对遗传资源、有关的技术(包括生物技术)和惠益的获取的途径和对此应承担的义务。

　　直到《公约》谈判的时候,有关遗传资源自由获取的原则一直沿用1983年FAO植物遗传资源承诺的规定。然而这是在对遗传资源的控制的争议不断增长的背景下形成的一份没有法律效力的文件。自80年代早期以来,有几个发展中国家通过了限制获取其所辖遗传资源的法律。而且发展中国家控制其遗传资源的呼声越来越高。在《生物多样性公约》谈判期间,这种观点占居主导地位,最后,第15条规定对遗传资源获取的决定权归缔约国政府所有,而且受其国家法律的约束。

这一点很好理解.没有合法理由把遗传资源与其他受国家主权控制的自然资源分离开来,而不受国家主权的制约。另外还有一个很现实的原因作后盾,对遗传资源获取的控制为第15条7款的谈判成功提供了可能,提供遗传资源的缔约国以公平合理地分享研究和开发的成果以及利用这些资源所产生的惠益。

这些复杂的议题现在并不新鲜,它们的争论在过去的十年间就已经很激烈.生物技术的进步已经引起人们对遗传资源价值的注意,此时出现在工业化国家里的对知识产权的保护使争论愈演愈烈,保护的内容超越了以前限定的狭小的新的植物变种的范围。

今天,工业化国家对知识产权保护(包括专利权)的趋势扩展到了生命有机体的范围。这些所有权奖励了人类的天才,但却忽略了天然的产品可加工的原材料的价值.他们也忽视了土著人和当地农民年复一年的栽培和饲养对遗传多样性的维持和发展的贡献。

在谈判中,七十七国集团的目标是要保证原材料自身的价值贡献被正确认识.对于《公约》一条可能的路子是要求遗传材料的消费者为生物多样性保护和可持续利用捐献一笔国际资金,该要求与材料原产地无关。但是,根据《公约》规定的国家确定的方针,第15、16和19条要求对结果和惠益的获取应该是双方的,以便那些提供遗传材料的成员国公正、平等分享其惠益,具体的安排按双方取得共识的条款确定。

但是,要有效地履行条款中的每一个字并非易事,更不用说领会其精神了,并且在实践中到履约阶段会有很多困难。条款15(7)、16(3)和19(2)中的义务把重要的处理权留给了各缔约国。另外,对于能够获取惠益的材料的鉴定也不是件简单的事,尤其是在其惠益被认识之前也许要经过十年或更长时间,而且被利用的遗传材料可能有几个来源。

有关技术的获取和转让的广泛议题,要想找出一条可接受的折衷的办法更是难上加难。最后,文本反映了发达国家建立知识产权的重要性,然而,它提出了一条从事提供技术,包括生物技术或者促进技术的获取和转让的基本义务。

最后,有关技术转让和生物技术惠益获取的规定受到第15条第3款的定义所限制。该款的限制是不包括《公约》进入实施前的保存在基因库和其它迁地保护设施中的遗传资源。

D. 资助

在谈判当中,资金从发达国家流向发展中国家以满足完成《公约》的各种目标的需要从未有过争议。在《公约》谈判的早期阶段,人们提出了几条途径,包括基于利用生物资源特别是遗传资源征收的费用在发达国家建立国际基金。其他的还有在谈判过程中考虑过的创建国际公司,《公约》缔约国可以通过购买该公司股份进行投资。

最后,参加谈判的各方选择创立较为经典的财政资助机制,即由发达国家缔约国提供资金,由发展中国家缔约国专用。按有关财政来源的第20条的规定,这些资金将是新增款项,而且用于提高发展中国家缔约国的财力以补偿他们履行《公约》义务所造成的额外支出。额外支出将由每个发展中国家缔约国与负责管理财政机制的机构的双边谈判来确定。

额外支出的计算还存在一些尚未解决的问题。尽管有关臭氧耗竭的公约成功地使用了额外支出的概念,但生物多样性与臭氧耗竭的情况不同。对《生物多样性公约》而言,额外支出的确定是非常困难的。但这又是个不能回避的问题。第20条第2款对于财政义务的规定还是比较实际的。

缔约国会议确定定期需要的资金数量。为了履行《公约》的义务,捐献必须考虑预测性、准确性和资金定期流动的需要。这个问题是个争论的热点,在发达国家间引起了他们开放型财政资助的恐惧,甚至几乎导致《公约》在最后时刻未获通过。在《公约》即将被通过之际,19个发达国家为了记录在案提出了一个联合解释声明来解释他们所能接受的语言。

第21条中规定的财政机制可以保证向发展中国家提供资金。该过程在缔约国会议的指导下进行。第39条指定全球环境基金(GEF)为财政机制的执行机构。发展中国家感到全球环境基金不像第21条第1款规定的那样以透明和民主的方式进行管理,因此,他们不太情愿接受这样的决定。

履　　约

正像已经提到的,履行《公约》的关键在国家水平上。每个缔约成员国要做的很多,要考虑缔约国履行采取行动的力度,还要考虑需审核的政策的广度。它们如何做并非本书的主题,本书已从根本上对《公约》逐款进行了解释。然而,对各条款含义的分析对于理解《公约》不论何时都是必需或有益的,该分析提出了一个缔约成员国如何看待特殊义务的履行的综合性建议。

展望全球,国家水平行动的成功依靠的将是发达国家和发展中国家对其义务的积极性。因此,在履行过程中,成功与否本质上来说在于他们自己。他们履行和实施的程度将最终证明在《公约》协商过程中达成的谅解是真正的成功还是一个幻想。

在国际水平上,《公约》中提出设置运转机构去指导和协助缔约成员国对它的履行。缔约国大会,尤其是它的科学、技术和工艺咨询事务附属机构及秘书处都起到了关键作用。

财政资助机制也必须运转,必须采取措施,要么改组全球环境基金,要么由别的机构来完成管理任务。一个具有压力的议题是为财政资助的利用和获取提供详细的标准和评注。第 21 条(2)款规定由缔约国大会来决定。

许多重要议题仍有待解决,如考虑通过起草议定书以进一步协商某些议题的必要性等。第 19 条(3)款要求考虑起草由生物技术修饰过的生活有机体的安全转让、控制和利用的议定书,因为这些生物技术可能对生物多样性的保护和持续利用产生相反的影响。

为了使履行进入可行性阶段,公约通过大会的第 2 号决议提出了暂时性履行的机制和措施(见附录)。由此,一个生物多样性公约政府间委员会 (ICCBD) 建立并运转直至 1994 年年底缔约国大会第一次会议召开。

生物多样性公约政府间委员会的第一次会议于 1993 年 10 月在日内瓦举行。在此之前由 UNEP 执行主任召集四个专家组举行了数次会议,为生物多样性公约政府间委员会做准备工作。为此,UNEP 成立了一个临时秘书处。在 1994 年的第一次缔约国大会举行之前,生物多样性公约政府间委员会至少再开一次会。

在《公约》暂行期间,归纳有效的评价,建立现行的行动规范都是很重要的。许多国际政府组织和非政府组织从事生物多样性问题已经有几十年的历史,利用它们的知识和专长促进《公约》履行进程意义重大。UNEP、FAO、UNESCO 和 IUCN 贡献很大,它们拥有世界资源研究所(WRI)和其他国际组织。一些原始文件如《全球生物多样性策略》有可能使各缔约国用最适合的背景信息去为其履行决策。同样重要的是要把义务履行同现存的纲要结合起来,这些纲要包括将要形成的《21 世纪议程》的附件,如 UNDP 提出的《21 世纪能力》。这些原始文件不应该仅仅等同于《公约》履行,而应该起到一个整体指导作用,反过来也是这样。

我们应该重新考虑《生物多样性公约》及其与本该领域其他公约的关系,也应该建立起来能够有效合作和相互协调的网络。当初促成生物多样性公约的原因是为了把基于各公约基础上建立起来的不完整的各部分进行完善,在现阶段不应该被漠视。相当多的全球和地区性的文件都直接与生物多样性有关,这些成就及其潜力必须在履行过程中尽可能地在最大程度上加以考虑使其完善。有效地把某一领域内的已有条约结合起来并非易事。仅有《公约》的总体目标还不够,还得有富有创造性的措施才能实现这些目标。

最后,在国家和国际水平上,非政府组织在《公约》履行中起着重要作用,对此,前言的第 14 段特别强调"……非政府部门对生物多样性保护及其组分的可持续利用的重要性"。

非政府组织,不论是发达国家还是发展中国家的,它们对《公约》兴趣的增加预示着《公约》履行的广阔前景。各成员国将充分利用其国内、地区和全球的非政府组织的知识、技术和承诺来协助它们履行《公约》。

序　言

　　序言是任何公约法律协议的一个组成部分,它本身并不制定约束性条件。相反,谈判的国家提出其关注的对象和动机,尤其是提出需要阐述的问题,并说明缔约的必要性。

　　鉴于这一特性,公约的序言一般由几个段落组成,内容逐段递进,其内涵要超出后面正式条款所规定的义务。事实上,这些段落不应视为是具体的义务,因为这些义务的具体内容在各成员国中尚未达成共识,但如果把其写进序言,对制定惯例国际法或今后协定如议定书等的具体义务有着重要的作用。序言中有关传统生活方式的第12段(见下文)就是一个例子。生物多样性公约的序言尤为冗长、具体,这是由于草案第3条中的许多原则在协商阶段的后期被移到了序言中。

　　序言各段的注释如下,许多内容在下面条款中有更深入的探讨。

缔约各国

　　※　意识到生物多样性的内在价值,和生物多样性及其组成部分的生态、遗传、社会、经济、科学、
　　　　教育、文化、娱乐和美学价值。

　　在所例生物多样性的许多不同的价值中,“生物多样性的内在价值”首次在一项有约束力的国际协议中得到认可。这是一个非常重要的革新,它可被看作是承认了独立存在于对人类的价值之外的生物多样性所有组成部分的固有权力。欧洲野生生物和自然栖息地保护公约(Berne,1979)是提及“物种的内在价值”的一项区域性协议。相比之下,非约束性的条约“世界自然宪章”[UNGA Res. 37/7(1982)]则认为各种生命形式都是独特的,不论对人类的价值大小,都应当得到尊重。

　　※　还意识到生物多样性对进化和保持生物圈的生命维持系统的重要性。

　　这一段认识到保护生物多样性的两个有关利用方面的理由。第一个是进化。广大的多样性库极有价值,因为它能保证进化有选择的余地。具体说来,当种群变小呈片断化分布时,种群容易出现近交,从而失去变异性,最终导致种群的灭绝而非进化。

　　第二,这一段意识到生物体在维持生态系统结构和功能(见专栏4)中的巨大作用。生物体的多样性改进了生命系统适应生物圈中物理组分变化的能力,如气候变化。过去,人们对生物多样性在维持生态系统结构和功能中的作用了解甚少,所以公约强调这一作用很有价值。

　　※　确认保护生物多样性是全人类共同关切的问题。

　　※　重申各国对它自己的生物资源拥有主权权利。

　　序言中所谓“人类共同关切的问题”强调保护生物多样性是全人类共同关切的问题,因为生物多样性对维持地球上所有生命至关重要。保护不是某个国家自己的事,而是一个必须通过采取一致的国际行动,包括制定国际法规才能解决的问题。

　　※　也重申各国有责任保护它自己的生物多样性,并以可持久的方式利用它自己的生物资源。

　　与确定生物多样性保护为“人类共同关切的问题”相配套,公约强调各国现有的主权。这是为什么序言要重申各国对它自己的生物多样性具有主权权利。因此,“它自己的”一词并非指产权,而是指在某一国家管辖范围内的生物资源。但正如正文将重申的,这些主权同时也赋予他们责任,即这些国家有责任在其管辖范围内保护其生物多样性,并保证以可持续利用的方式使用其生物资源。第三段提出

了国家对其生物资源拥有主权与全人类共同关切的保证生物多样性受到保护之间的关键联系。

※　关切一些人类活动正在导致生物多样性的严重减少。

本段不仅认识到生物多样性正在丧失，而且认识到人类是造成这类丧失的主要根源。

※　意识到普遍缺乏关于生物多样性的信息和知识，亟需开发科学、技术和机构能力，从而提供基本理解，据以策划与执行适当措施。

事实上，虽然现存大量有关生物多样性和生物系统功能的数据，但却没有足以让决策者能够采用的信息。因此，对于大多数国家来说，问题不在于是否有数据，而是怎样让这些数据以一种有意义的形式集中起来，以满足公约的目的。发达国家拥有大部分生物多样性信息特别是有关分类和物种分布的信息，研究能力很强，而大多数生物多样性分布在发展中国家，因此上述问题变得更为严峻。另外，由于缺乏生物多样性社会经济方面的信息，例如生物多样性的经济和社会价值以及生物多样性丧失对社会的影响，也使上述问题更为严峻。这一段的目的是支持获取贯彻公约所需的知识，并及时满足这种迫切需求。这是本段强调提高科学、技术和机构能力的重要原因。

※　注意到预测、预防和从根源上消除导致生物多样性减少或丧失的原因，至为重要。

像以往一样，此段意识到必须尽早地长久解决导致问题的根源，而不仅仅是症状。好的信息是对解决问题的关键所在。生物多样性丧失的原因包括在一些国家广泛存在的贫困、另一些国家的过度消耗、不公平的贸易格局、气候变化、污染及人与其他物种间的竞争。

※　并注意到生物多样性遭受严重减少或损失的威胁时，不应以缺乏充分的科学定论为理由，而推迟采取旨在避免或尽量减轻此种威胁的措施。

我们在生物多样性遭到明显威胁时就应采取行动，而不应去等待深入的科学研究完成后才采取行动。如果认识到这一点，就不会过分要求有比较全面的信息。各国对气候变化或对臭氧层变薄的反应就是一个例子。在这两种情况下，如果一味等待获得充分的科学证据之后才采取行动，便可能对环境造成永久的危害。生物多样性的丧失也存在这一问题。序言第9段与第8段共同反应了这种"预防性措施"，并与里约宣言的第15条原则相呼应。随着对生物多样性新威胁的出现，如修建大坝或皆伐过熟林，预防措施更显示了其重要意义。在某种情况下，这一任务将由那些能提出项目，以保证它不会明显减少或引起生物多样性明显丧失的人来完成。

※　注意到保护生物多样性的基本要求，是就地保护生态系统和自然生境，维持恢复物种在其自然环境中有生存力的种群。

※　并注意到移地措施，最好在原产国内实行，也可发挥重要作用。

这两段提出了生物多样性就地保护与移地保护之间的重要的并列关系[见第8条（就地保护）和第9条（移地保护）中的讨论]。公约首先确定了就地保护的首要地位，同时也接受了这样的观点，即生物多样性应该在其产生并能继续繁衍的自然和人为系统中得到保护。公约承认，生物多样性不可能单独以移地保护的方法受到适当的保护，例如保护在一个世界基因库中。然而，移地保护也具有重要作用，它们特别为防止自然界中物种或基因资源灭绝提供了一种"保障政策"。在濒危物种保护中，移地保护常常具有重要作用，它提供了最新被引种的物种，对提供有用的动植物繁殖材料是很好的措施，对农业所需的植物,特别是在自然界中没有帮助通常不能生存的驯化植物特别重要。

"最好是在原产国"鼓励在重要遗传资源起源的发展中国家建立和维持移地保护机构。

　　※　认识到许多体现传统生活方式的土著和地方社区同生物资源有着密切和传统的依存关系,
　　　　应公平分享从利用与保护生物资源及持续利用其组成部分有关的传统知识、创新和实践门
　　　　产生的惠益,

本段认识到许多社区与采用传统方式获取生物资源的联系,详见第8(j)条(尊重、维护和维持土著和地方社团的知识、革新和实践)及第10(c)条(鼓励按习惯使用生物资源)。认识到社区有关生物资源的知识和利用生物资源的技术可能对他人有用。本段同时表明,当来自社区传统实践的知识或技术受到广泛采用时,这些社区应获得惠利。分配惠利的具体方法留待以后确定。

"体现传统生活方式"似乎不包括那些自身不再过着传统生活方式的人,尽管他们是"体现传统生活方式"社区的后代。

　　※　并认识到妇女在保护和持续利用生物多样性中发挥的极其重要作用,确认妇女必须充分参
　　　　与制订和实施保护生物多样性的各级政策,

这一段反映了目前对妇女在环境与发展问题中的重要性的认识,事实上,里约宣言(第20条原则)对此就有所强调。特别是在发展中国家,农村妇女常常要参与播种和收获,使有价值的种子年复一年得以维护。妇女在地区经济中常常比男人更富活力。地区经济通常比区域或国际市场中的贸易涉及更广泛的物种。在某些国家,正是妇女调整了野生物种的使用,以保证其持续利用。

　　※　强调为了生物多样性的保护及其组成部分的持续利用,促进国家、政府间组织和非政府部门
　　　　之间的国际、区域和全球性合作的重要性和必要性,

缔约国认识到,要使自己的努力获得成功,就必须在彼此间以及与多边组织进行广泛的合作。合作对于贯彻保护生物多样性和持续利用其组成部分的国家措施极为重要。从整体上看,一个国家的环境问题譬如污染往往可能影响到另一个国家的生物多样性;某些物种会在国家间迁移,更多的种群是多国共享,因此,在国家间进行保护方面的合作极为重要。最后,公约有关技术分享和从遗传物质的使用中所获惠利的共享也要求进行国家间的合作。

在公约中提到非政府组织,这是一次创新,非政府组织包括商业、研究院、市民组织以及国内和国际非政府组织(NGOs)。非政府组织中有许多生物多样性领域里的首席科学家,在推动生物多样性的保护中起到了主要作用,并可能在公约贯彻执行中对缔约国提供大量帮助。正如联合国里约热内卢环境与发展大会所认识的那样,非政府组织能为环境与发展问题带来承诺、革新、清晰的目标和实用的知识(见栏目23)。它们的工作在生物多样性保护中可能具有特别的作用,因为许多保护生物多样性的行动必须在地区水平上进行。特别地,缔约国可依赖于村庄或社区水平上认可的公众团体贯彻公约的某些条款。

　　※　承认提供新的和额外的资金和适当取得有关的技术,可对全世界处理生物多样性丧失问题
　　　　的能力产生重大影响,

这一段与下面两段应被视为一体。首先,它们提供了新颖而重要的观点,即所有缔约国,无论是发展中国家还是发达国家,都需要"新的和额外的资金"以减缓生物多样性的丧失[见第20条讨论(资金)]。另外一个值得注意的问题,也是公约的主题之一,就是在解决生物多样性丧失问题上,技术起着至关重要的作用。这里所指的技术包括传统与现代技术、非正规与正规技术、"软的"与"硬的"技术

——从发酵到基因拼接,从传统的种子储藏到超低温保藏(见专栏 3)。

　　※　进一步承认有必要订立特别的条款,以满足发展中国家的需要,包括提供新的和额外的资金和适当地取得有关的技术,

　　该段提出了发展中国家的特别需求。很明显,本段表明不仅"新的和额外的"资金必不可少,取得技术也特别重要。"包括"一词意味着需要其他形式的资助,如科学与技术的合作(见第 18 条)。

　　※　注意到最不发达国家和小岛屿国家这方面的特殊情况,

　　第三段特别强调了两类国家的需要,即最不发达国家与小岛屿国[见第 20 条(5)—(7)款]。"这方面"可理解为前两段提到的内容,即指前面提到的资金和其他帮助。

　　小岛屿国问题值得引起注意,因为它们中有的属于最不发达国家,而且多数国家由于地域狭小,往往缺乏大国所拥有的各种机构和专家。一个人常常必须从事较大国家中多个专家所从事的工作。

　　岛屿,特别是热带和远离大陆的岛屿,常常拥有较高比例的特有种,即在世界其他各地未曾发现的物种,所以具有国际重要性。另外,岛屿的生物多样性常处于高压和受胁状态,部分原因归结于土地面积的限制,另一部分原因是当地动植物种易受外来干扰的影响,缺乏同引进外来种的竞争力[见第 8 条(h)款]。此外,气候变化和周围海平面上升也会对其造成潜在威胁,致使某些低海拔岛国的本身的生存受到威胁。

　　※　承认有必要大量投资以保护生物多样性,而且这些投资可望产生广泛的环境、经济和社会惠益,

　　这一段非常重要,它认识到为保护生物多样性需要提供大量资金,但这些投资应有真正的、实质性的发展效益,因为保护与发展相互促进,从长远的观点看,缺乏任何一方,另一方都不可能获得成功。另外值得注意的是,许多生物多样性丧失原因是过去的投资是以非持续性方式开发生物资源所造成的,如建立超载木材加工厂,对捕鱼船队的过渡投资,在食品盈余时为将自然栖息地改变成农用地提供补贴等。"新的和额外的"资金并不足以转变这种趋势,特别是在国家预算面铺的过开时。因此,需要改变那种将公共和私有资金花在影响生物资源开发上的做法,以便高效、多快好省地完成保护工作。[见第 20 条(1)款的讨论]

　　※　认识到经济和社会发展以及根除贫困是发展中国家第一和压倒一切的优先事务,

　　以下两段中的前一段认识到,即使生物多样性保护有了更多的资金,但不能改变发展中国家优先事务的排列顺序,经济和社会发展始终排在第一位(优先事务(见第 20 条(4)款)。然而,第二段承认生物多样性的保护及对其组成部分的持续利用有利于经济和社会的发展,这一点从公约被多个发展中国家通过可以看出。

　　※　意识到保护和持续利用生物多样性对满足世界日益增加的人口对粮食、健康和其他需求至为重要,而为此目的的取得和分享遗传资源和遗传技术是必不可少的,

　　※　注意到保护和持续利用生物多样性最终必定增强国家间的友好关系,并有助于实现人类和平;

　　这段向认识生态安全的原则迈进了一步。国家的和平与稳定不仅依靠其常规国防力量,也依赖于

其环境的稳定性。一个国家环境的退化可能导致社会崩溃和人类悲剧,引发国内和国家间的争端乃至战争。国家间共享的资源遭到过度开发,如供水和渔业,也可能会导致冲突。因此,避免环境退化,例如防止生物多样性丧失,将有利于国家间的和平与和谐。

　　※　期望加强和补充现有保护生物多样性和持久使用其组成部分的各项国际协议,

　　当然,在生物多样性领域中有许多全球和区域性协议。全球性公约包括国际重要湿地特别是水禽栖息地公约(Ramsar,1971)、世界遗产公约(Paris,1972)、濒危野生动植物种国际贸易公约——CITES(Washington,1972)和迁徙物种公约(Bonn,1979)(见专栏21)。上面的每一项公约都解决了生物多样性保护的一个特定方面的问题,因此所规定的义务比生物多样性公约要详细得多。
　　不同于第22条,本段主要阐述公约与其他协议之间的关系。它指出,生物多样性公约应加强和补充其他公约。言外之意,生物多样性公约不应与其他公约相对立,也不应替代其他公约。
　　本段只是保证支持现存的结构。本公约与涉及生物多样性某一方面的公约间关系以及协调所有公约行为的程度均未作说明,今后得作出相应的解释(第23条和24条涉及这些问题)。

　　※　决心为今世及后代的利益,保护和持续利用生物多样性,

　　该段提出了两个重要观点:第一,生物多样性的保护和其组成部分的持续利用应该有利于人类;第二,我们这一代人所采取的行动决不能危及后代的机会和利益。这一段以世界环境与发展委员会(WCED)《我们共同的未来》中的总结为基础。
　　＊　兹协议如下:

第1条　目　标

本公约的目标是按照本公约有关条款从事保护生物多样性、持续利用其组成部分以及公平合理分享由利用遗传资源而产生的惠益;实施手段包括遗传资源的适当取得及有关技术适当转让,但需顾及对这些资源和技术的一切权力,以及提供适当资金。

本条阐述了公约的目标和主题,具体目标如下:

- 保护生物多样性(第6—9、11、14条);
- 持续利用其组成部分(第6、10、14条);
- 公平合理分享由利用遗传资源而产生的惠益,包括下列方面:
  —获取遗传资源(第15条),但需顾及对这些资源的一切权利;
  —转让有关技术(第16、19条),但需顾及对这些技术的一切权利;
  —资金(第20及21条)。

该条陈述了公约有关保护、持续利用和惠益分享之间的平衡关系。这是作为本公约基础的政策条款的核心。

该条的后半部指出了实行惠利分享的3种方法:

- "适当取得遗传资源"。"适当"一词指第15条所论述的获取遗传资源的条件,它认识到,国家政府有权制订条款,有关获取其管辖下的在野外的、在被社区利用的及在迁地收集的遗传资源。
- "有关技术的适当转让"详见第16条。"适当"一词反映了第16条的平衡作用,即必须将技术转让纳入一系列的考虑因素中。"适当"还意味着尚需进一步协商,"有关"一词指出不囊括所有技术。

"适当的资金"见本公约第20、21条资金条款。"适当"是指结果的可谈判性:这些条款反映了发展中国家希望由发达国家提供的资金能保证满足他们为贯彻执行公约所采取的措施所必须的不断增长的充分的资金需求;而那些发达国家缔约国,不可能承担无限的义务,只能根据自身的资助能力,提供双方的增加开支部分。

公约中有关目标的条款提出了必须采取的行动框架,奠定了有关特殊义务后续条款的基础。该公约的履行及其进一步的发展必须与这些目标相一致,这些目标还为监督公约的履行提供了参考。

基于上述种种原因,第一条对与公约有关的所有机构组织都很重要,特别是公约建立的机构,如缔约国大会、秘书处、辅助机构和/或工作组,以及国家政策制定者和负责执行公约的机构;另外还与非政府组织密切相关,非政府组织在协助政府执行公约中具有极为重要的作用(见序言第14段和专栏23)。

由于该条提出了全面的指导,因此有助于:

- 保证采取折中决策。一旦公约中的一个行动与另一个行动发生矛盾,本条款能提出综合考虑到各方面利益的某些保护措施,例如,如果不考虑公正合理地分享从遗传资源取得的惠利,就无法实行取得遗传资源的政策。
- 消除误解、利益冲突,并解决了存在的争论。

国际条约法为目标条款提供了另一方面的应用。公约一旦签署,缔约国在公约对其生效后[见第36(3)条]便承担了一种义务,不能有任何与公约目标抵触的行动[见公约中有关条约法的第18条(Vienna,1969)]。然而,这是一个一般性法规,给有关缔约国留有充分的自主权。

第 2 条　用　语

　　※　为本公约的目的：

　　在一份法律文件中,定义的目的是对文本中可能再次出现的某些用语给予一致的特定的含义。因此,下述用语在公约中总是以第二条所给予的定义出现。各用语在此的含义可能会与标准用法不同。但大多数用语是易于理解的,因此不再在此下定义。注意,这儿有一个遗漏,即没有"保护"一词的定义。该词的定义在该条注解的结尾处讨论。

　　※　"生物多样性"是指所有来源的活的生物体中的变异性,这些来源除其他外包括陆地、海洋和其他水生生态系统及其所构成的生态综合体;这包括物种内、物种之间和生态系统的多样性。

　　换句话说,生物多样性是在所有形态、水平和组合中的生命的变异性。它不是所有生态系统、物种和遗传材料的总和,而是生态系统、物种和遗传材料及它们之间的变异性。因此,它是生命的属性,与"生物资源"对比,后者是生态系统的明确的生命的组成部分(见生物资源定义)。本公约关于"生物多样性"的定义包括了它的所有表现形态,因此,除了陆地上的生物多样性,还包括海洋和其他水生生物多样性。
　　生物多样性可方便地毫无例外地从三个水平表述：
　　· 生态系统多样性：不同生态系统的变化和频率(见"生态系统"定义)；
　　· 物种多样性：不同物种的频率和多样性(见专栏 1),例如虎或枣椰子；
　　· 遗传多样性：不同基因和/或基因组的频率和多样性。在生物多样性定义中,遗传多样性由短语"种内多样性"代表。它包括种群内和种群间的变化(见"遗传材料",遗传资源的讨论和专栏 5)。
　　公约在多处将三个水平上的多样性概念称为生物多样性的组成部分。然而,在另一些地方,公约又用短语"生物多样性组成部分"表示特定的有形的实体。例如,生物资源,以及特定的生态系统,如珊瑚礁。
　　虽然本公约以科学的概念定义生物多样性即以生命的变异性和以生命存在的生态系统的变化定义生物多样性,但缔约国为完成公约的法律义务,必须将注意力集中于生物多样性的有形的形式,例如遗传材料、物种种群和生态系统。作为一种生命属性,生物多样性确实只能通过保护和持续利用生物资源和生态系统而得到保护。由于物种包含了遗传多样性,其种群是生态系统的生命组成部分,因此,在公约的贯彻中,它似具有重要作用。然而,"物种"一词未在第 2 条中定义(见专栏 1)。

　　※　"生物资源"是指对人类具有实际或潜在用途或价值的遗传资源、生物体或其部分、生物种群、或生态系统中任何其他生物组成部分。

　　鉴于生物多样性是一种生命属性,生物资源是确实的存在,如一粒种子或一个基因,大象或象牙,在地里生长的玉米或鱼群,尽管该定义将生物资源称为生态系统的生命的组成部分,但在本公约中,该词的实际应用似乎已延伸到了整个生态系统。
　　"生物资源"以其对人类的实际的或潜在的用途或价值来进行定义。因此,在本公约中,生物资源不是地球上遗传资源、生物体和其部分或种群的全体,而是它们的一个子集合。
　　虽然公约中这个词汇的应用意味着生态系统的生命组成部分只有当知道了其具有或可能具有特定的用途时才是生物资源,但人们可能认为,实际上生态系统的所有生命组成部分都可能对人类有实际或潜在的用途。从用途方面看,科学家在许多情况下也许既不知道它们的实际用途,也不能预知它们未来对人类可能具有的价值。

专栏 1　物种与物种多样性

　　两个世纪以来,生物学家一直对"物种"是什么争论不休。应用最多的是 E. O. Wilson 的著作《生命多样性》一书中提出的有说服力的观点。该书将种描述为在自然条件下能进行近亲繁殖的生物体的种群,种代表着一群生命体,这群生命体已进化出明显的遗传特征,并占据一个特定的地理区域。一个物种通常不能与其他物种进行自由的种间杂交,这主要是由于许多因素的限制,如遗传差异、不同的行为及生物学需要的差异以及地理分布的差异等。

　　更深入地讲,"种"是分类学家即对生命体进行比较、分类和命名的科学家,为描述地球上的生命形式等级而使用的一种分类单位。等级制度是一个人类社会中使用的概念,它试图反映进化的序列。按级别和范围一级级地向下划分,标准的分类单位是界(植物、动物、菌类、原生生物和蓝绿藻)、部(植物学)或门(动物学)、纲、目、科、属、种和亚种、变种(植物学)或型(植物学)。每一个分类单位都包含着一个或多个更低一级分类单位。种居于属之下,亚种之上。同一属中的两个种比同一科中不同属的两个种之间的亲缘关系更近。分类学家试图通过研究生命个体的物理行为和遗传及化学相似性来确定其进化关系。

　　本公约"物种"指科学概念上的"物种",不包括种下其他分类单位。另一方面,许多法律文本将"物种"定义为包括种下的分类单位,如亚种、变种和特有种群,如"野生动植物种濒危物种贸易公约"(见专栏 21)。本公约的固有逻辑和法律上的优先秩序表明,此后的各种含义均同于这里的解释。

　　"物种多样性"被用来描述在一个地理区域内种的变化,无论是野生或是驯化种。衡量生物多样性有多种不同方法,测量物种的丰度即一个特定样地内的物种的数量就是一个例子。除非是做大范围的生物多样性的比较,否则物种丰度图对生物学家的作用是很有限的。通过测量物种丰度,可得出这样的结论,即多样性随地球纬度的升高而降低(热带地区的物种比温带地区丰富)(Groombridge,1992)。

　　不同类型中物种的相对丰度(有时亦称分类多样性 taxic diversity)也能被定义。类型包括形体大小等级、营养水平、分类群或形态学类型。例如,一个区域拥有的物种数量大且物种间关系较近,其生物多样性就不如相同面积内物种数量相同但种间亲缘关系较远的区域的生物多样性丰富。《全球生物多样性战略》一书例举了具有两种鸟类和一种蜥蜴的岛屿的例子,这个岛屿比具有 3 种鸟类而没有蜥蜴的同样面积的岛屿具有更丰富的分类多样性。

　　我们不能确定生态系统中哪些生命组成部分对人类有间接价值。特别地,不能确定哪些生命体提供了地球所有生命、包括人类赖以生存的生态系统功能和服务(见专栏 4)。例如,被称为菌根的菌类对许多树木和作物摄取营养特别重要,对于哪些真菌种具有这种功能,我们尚不十分清楚。由于诸如此类的原因,比较慎重的做法是,认为生态系统中的所有生命组成部分对人类均有潜在的用途或价值。

　　※　"生物技术"是指使用生物系统、生物体或其衍生物的任何技术应用,以制作或改进特定用途的产品或工艺过程。

　　该定义指利用各种生物系统或它们的组成部分的现有和未来的技术和程序,无论这些技术是常规技术还是新技术(见专栏 3)。

专栏 2　生物多样性的重要性及其丧失的威胁

地球上的基因、物种和生态系统是过去 30 亿年进化的产物,也是我们本身,人这个物种生存的基础。这个反映基因、物种和生态系统变异程度的生物多样性,是这个反映基因、物种和生态系统变异程度的生物多样性是宝贵的,因为它未来的用途和价值尚难预知,也因为变异本身十分有趣,也很有吸引力,又因为我们目前对生态系统的了解程度尚不足以肯定生态系统中任一组分的丧失可能会造成的冲击。

据可靠证据,人类活动正在侵蚀生物资源即对人类具有潜在用途的生态系统的组成部分,也正在巨大地减少着这颗星球上的生物多样性。由于缺乏系统的监测系统和大量的基本信息[,]难进行丧失率的精确估计,甚至难以评估物种的现状。目前,几乎没有有关基因或物种在生态系统功能中具有特殊重要性的数据,所以很难详细表明人类面临的生物多样性丧失的程度。由于只是部分了解许多物种或种群的生态作用,因此,目前迫切需要采取一种"预防性措施"(见序言第 9 段),避免那些不必要的可能减少生物多样性的行为。

目前,人类已经大量利用环境。据 UNEP 专家小组称,"食品、纤维、装饰植物和生物原材料大约占世界经济的一半"(UNEP,1993a)。但是,由于人口和经济活动的爆炸性增长,生物多样性的丧失率远非稳定增长。据估计,由于人类活动目前直接消耗、转化或浪费的地球最终初级陆地光合产物几乎占 40%(Vitousek,et al.,1986)。据总结资料,主要栖息地改变和随之而来的生物多样性的丧失,是伴随人类成为空前的主宰物种而付出的无法估量的代价。当栖息地生产力退化到更低水平,特别是伴随着对生态系统和食物保障有世界范围影响的物种的丧失,人类社会应该有忧患意识了。

生物多样性的丧失归根结底是由于经济因素造成的,特别是生物多样性和诸如水域保护、营养循环、污染控制、土壤形成、光合作用及进化等生态功能的价值低廉所造成的。生物多样性实际上是一个处于各部门间密切交叉的问题。事实也是如此,各部门在生物多样性保护和对其组成部分进行持续利用中都能获利。生物资源是可更新资源,经过合适的管理,可满足人类无限的需求。因此,这些资源以及支持它们的物种多样性是持续发展的重要基础,任何一个国家都不可能仅仅通过本国的资源管理保证生物资源能提供持续的产品供应。因此,必须在所有国家间及不同部门间进行国际合作,其中包括从研究到旅游各个方面。生物多样性公约的总结说明了为达到这个目标迈出了第一步。

※　"遗传资源的原产国"是指拥有处于原产境地的遗传资源的国家。

将这一定义与"原产国"和"遗传资源"的定义相结合,野生遗传资源原产国是指那些其遗传资源处于生态系统和自然栖息地中的国家。对于驯化或栽培的遗传资源,原产国指那些已开发出具特色物种的国家。虽然地方种和新作物的原产国较清楚,但在某些情况下,要确定原产国也是困难和昂贵的,至少必须采用现代技术,如限制片断长度多态性(RFLP)分析(见专栏 10)才能确定。

公约对野生遗传资源的定义不适用于普通科学的涵义,后者一般仅局限于这些野生遗传资源演化的国家。然而,许多物种在其原始分布区之外处于明显的自然状态,自身维持的种群(先于人类出现的最初年代而存在)而存在于生态系统中,在这种物种仍处于"就地"条件的国家,按公约规定应作为原产国。

虽然该词在公约草案中有广泛的应用,但在最后的定稿中仅出现过三次,即前言第 11 段(强调移地采集的地点)、第 9 条(同样目的)和第 15(3)条[为了第 15 条(遗传资源的取得)、第 16 条(技术的取得和转让)、第 19 条(生物技术的处理及其惠益的分配)的目的]将由缔约国提供的"遗传资源"定义为由作为这些资源的原产国的缔约国提供的遗传资源)。在大多数情况下,"提供遗传资源的缔约国"(或某些变化)已被用于本公约正文,虽然"提供遗传资源的国家"一词在下文才有定义。

专栏 3　关于生物技术

千百年来,人类一直在操作着生物体,并利用其生物学过程制造各种用品或做其他事情。最早的生物技术产物,动植物选育、利用微生物酿制酒、啤酒、面包、奶酪或豆制品,已经被世界上许多国家采用,并随着时间得以不断改良。这些传统或常规技术今天仍在农村和工厂应用,只是复杂程度和规模有所改变。

在最近 25 年,作为传统技术的补充,涌现出一些新的更具活力的技术,其中一些作用巨大的技术,如组织培养、细胞融合、胚胎转移、重组 DNA 技术和新颖的生物加工技术,使科学家能从单细胞培育出整个植株、融合细胞类型以培育新的具有双新细胞特性的杂种,用其他有价值动物胚胎注入到另一种动物中,更高效地加工产品(如食品)和处理废弃物。

某些现代生物工艺技术正被用于保护生物多样性,持续利用其组成部分,特别是遗传资源。例如,目前已开发出储藏遗传物质的新方法,而且现代分子诊断允许基因库和育种者能识别新增加的物质,对它们进行扫描以诊断疾病,鉴别可能有用的基因(IPGRI, 1993)。

对许多人来说,遗传工程就是生物技术。采用遗传工程,一个来自生命体控制特殊形状的基因能被直接植入另一个生命体,即使两个生命体不属于同一个种。这是传统动植物育种的一大进步。通过传统育种方法,各种性状仅仅能非直接传递给其他生物体,并且一般是在同一歌舞 种的生物之间进行。遗传工程的潜力已引起广泛注意,提高了人们对其应用对伦理、对人类和环境安全以及其产品对社会经济冲击的忧虑。

生物技术为发达国家和发展中国家带来了巨大惠益,使生物资源为人类福利产生更大的贡献。但令人忧虑的是,生物技术产品的更广泛应用,会对生物多样性带来危险,在新产品进入环境之前,必须对这类危险进行鉴定和适当的管控[见第 8 条的讨论(管制、管理和控制由生物技术改变的活生物体在使用和释放时可能产生的危险)和第 9 条(生物技术的处理及其惠益的分配)]。

※　"提供遗传资源的国家"是指供应遗传资源的国家,此种遗传资源可能是取自原地来源,包括野生物种和驯化物种的种群,或取自移地保护来源,不论是否原产于该国。

本定义似乎相当清楚:"提供遗传资源的国家",简单地说,就是不考虑该国从何处获取遗传资源。该定义与遗传资源的最基本起源无关,虽然该词的其他称谓如"提供遗传资源的缔约国"在公约中出现过,但"提供遗传资源的国家"一词在公约中并未使用。

※　"驯化或培植物种"是指人类为满足自身需要而影响了其演化进程的物种。

在过去的几个世纪中,人类驯化野生植物、动物和微生物,从而满足自身的要求。选择和繁殖过程造就了许多与其野生状态包括遗传组成和特性非常不同的生物体,这些变异如果是遗传改变的结果,便是可遗传的。本公约将这些种类的生物体定义为"驯化或培植物种"。

该定义包括橡胶和油棕等工业原料植物,也包括农业上的当地品种。后者是指由人类在传统的、适应地区性的农业系统中培育出来的,并经过长期选择的地区性、高度多样性作物变种。保护这些作物当地品种对维持现代作物品种的生产力而进行的现代育种项目极为重要,它包括由农民进行的动物育种,例如酿酒人和面包师使用的微生物。

专栏4　生态系统的结构和功能

　　植物、动物和微生物是生态系统中的生命（或生物）组成部分，它们之间彼此在食物网中相互作用，并与光、空气、矿物质和养分发生作用。这些相互作用是生态系统功能的基础，将这些功能与其他生态系统的功能结合在一起，就能提供地球上所有生命赖以生存的条件，其中包括维持大气中空气成分的平衡、养分的再循环、调解气候、保持水分循环、形成土壤等（Ehrlich，1968）。

　　即使最简单的生态系统理解起来也是十分困难的。除了整个过程的简单模式外，我们所具备的有关个体生态系统的功能、不同生态系统之间的相互作用及哪个生态系统对地球上的生命最为重要的知识是不完整的。我们尚不知道单个物种在生态系统中的作用。某些物种可能是"关键种"，其存在与否可能影响群落的组成，从而影响生态系统的功能。另一些可能不是如此重要，但我们目前其实尚不知道。然而，最近的研究指出，在物种多样性和生态系统的稳定与恢复之间有相关性（Pennist，1994）。

　　对生态系统结构和功能的威胁，在许多情况下与被威胁物种受到威胁相类似。栖息地的丧失和片段化是主要的威胁。片段化是由于都市化、农业和发展项目，如筑坝和修建道路所致（WRI，IUCN & UNEP，1992）。人类为获取食物而从事的渔业和狩猎对动植物资源造成过度开发以及动植物贸易也是重要的威胁。空气、水和土壤污染是工业国家的主要威胁，而且将逐渐对发展中国家造成威胁。更微妙的威胁包括外来种（如非乡土种）的引进和气候变化、臭氧层空洞等。

　　然而，该定义排除了人类利用的野生状态下的野生物种，如森林中的木材、药用植物和藤条等，同时也排除了来自野外但仍保持着原有遗传状态的野生物种。后者的例子有从野外引种在渔塘中饲养的大马哈鱼、用野外采集的种子在热带高地上种植的加勒比松等。因此，本公约中有关"驯化或培殖"定义范围较人们通常的认识要窄。

　　※　"生态系统"是指植物、动物和微生物群落及和它们的无生命环境作为一个生态单位交互作用形成的一个动态复合体。

　　生态系统的生物（生命）与非生物（无生命）部分相互作用的系统，它们一道形成了一个功能单位（见专栏4）。非生命部分包括阳光、空气、水、矿物质和养分。该词包括一个有部分限制的系统，在其中有许多相互作用。有的生态系统很小，有如昙花一现，如充满水的树洞或在林地上腐烂的朽木，但有的却很大而且存在时间长，如森林和湖泊。

　　某些生态系统通常存在于另外一些生态系统之中。因此，使用该词时必须界定每种情况下的使用的水平。生物学家一般只研究小规模的生态系统。但为了保护目的，一般使用较大的单位（例如特定的森林、草原或珊瑚礁）。本公约最常涉及的是较大规模的单位。

专栏 5　基因和遗传多样性的重要性

基因是遗传的基本单位,由一个生物体传递给后代。它由核酸组成,存在于生命体的染色体以及细菌的质粒和其他超染色体中。在每个生命体中,基因不管是单个的或成组的情况下起着谐和大量生命过程的作用。它们为生命体提供了不同属性,如其物理表征、抵御其他生命体攻击或在干旱条件下生存的能力。人受基因的控制,有棕眼睛或黑色头发的特征。蝴蝶由专门的基因控制翅膀的颜色或吸引异性的气味。土豆植株中一个或一组基因,以抵御某种昆虫或使其具有大而富含营养的块茎。

基因水平的多样性即遗传多样性十分重要,这是因为通过有性繁殖产生的物种的每个个体其基因略有不同的组合。遗传多样性是生物体内的遗传变异性,即在一个种的各种群间存在的遗传差异及在一个种群中个体间的遗传差异。

遗传多样性的一个重要方面是物种经过一定的时间后能适应所面临的环境压力,但并非每个种群或个体都具有使其能在特殊环境下生存的基因或基因组成部分。由于栖息地破坏等因素造成的个体或种群的丧失,使一个物种的基因库变窄(亦称遗传流失),并限制其适应或进化的选择。由此可见,遗传多样性的维持能增强物种的生存机会。

人类在某些方面利用和提高遗传多样性已有数千年的历史,在农业中尤其是这样。遗传多样性有助于物种的生存,与此相同,人类特别是土著人和地区社区依靠遗传多样性培育了具有广泛遗传性的作物、动物和微生物,从而提高了自身的生存能力。农民驯化野生动物,培育了所需求的性状,如个体大小、皮毛厚度或抗病性等。此外,农民还驯化了数百种植物,从而获得了成千上万种具有所需性状的变种,如种子颜色、香味、果实大小或抗病性等。现代育种专家也依赖于遗传多样性,例如正是野生稻一个小种群的几株植株提供了抗一种病毒 grassy stunt virus 的基因,从而拯救了亚洲杂交稻,因为亚洲杂交稻的基因组(一种特别的基因组合)易受病害的影响。

由于上述原因,有效地保护遗传多样性比单单保护物种更进一步;仅保护某物种的几个有效种群远远不够,因为这些种群可能既没有能维持该物种生存的遗传多样性,也没有人类所需的遗传多样性。

※　"移地保护"是指把生物多样性的组成部分移到它们的自然环境之外进行保护。

换句话说,就是在动物园、水族宫、植物园和基因库中进行保护。本定义也包括在并非生物形成其特性的那些区域内驯化的生物资源,及维持在对这些特征的发展没有什么影响的农场或大牧场中的生物资源(如北欧农场中的小麦和大麦田)。

※　"遗传材料"是指来自植物、动物、微生物或其他来源的任何含有遗传功能单位的材料。

※　"遗传资源"是指具有实际或潜在价值的遗传材料。

本公约所指"遗传材料"包括含有遗传功能单位的某个有机体的任何部分。"遗传功能单位"包括具有脱氧核糖核酸(DNA),在某些情况下还具有核糖核酸(RNA)的遗传要素。例如,"遗传材料"包括种子、插条、精子、单个生物体,还包括从植物、动物或诸如染色体、基因、细菌的质粒等微生物及其任何部分中提取的 DNA,但却不包括那些不含遗传功能单位的生化提取物。

本公约以与实际或潜在价值无关的科学概念来使用"遗传材料"一词,而"遗传资源"一词定义则与使用相关,该定义的采用明显表明"遗传资源"是"遗传材料"的子集合。

根据该材料是否具有实际或潜在价值来划分这两个词,似乎表明遗传材料被实际应用或可能被应用时才能成为遗传资源。当然,人们可能认为实际上所有遗传材料都有可能具有潜在价值,至少在未得到证实之前是这样。鉴此,如此狭窄的概念是否合理尚有待商榷。

※　"生境"是指生物体或生物种群自然分布的地方或地点。

生境的概念在涉及物种就地保护时很重要。(同一)物种(或种群)虽可出现于各种生态系统中,但其栖息地具有明显的共同特征。不同物种的栖息地差异很大。

※　"原生条件"是指遗传资源生存于生态系统和自然生境之内的条件;对于驯化或培植的物种而言,其环境是指它们在其中发展出其明显特性的环境。

※　"就地保护"是指保护生态系统和自然生境以及维持和恢复物种在其自然环境中有生存的种群;对于驯化和培殖物种而言,其环境是指它们在其中发展出其明显特性的环境。

本公约认识到,生物多样性在自然生态系统和人为创造的农业生态系统中都有丧失。这在"原地条件"和"就地保护"的定义中有例举。

因此,"原地条件"的定义延伸到了野外和驯化或培植的遗传资源。野外遗传资源产生于"原地",在那里,它们存在于诸如生态系统和生境一类的自然环境中。相反,驯化或培植的物种产生于"其已发展了特性的环境"这样的"原地"。该词仅仅在本公约"遗传资源的起源国"定义中使用过一次。

本公约"就地保护"定义不仅指一套维特和恢复野生物种在人们所知的其自然分布区的自然条件中生存的种群的技术,它还延伸到保护实际生态系统以及物种种群依赖的自然生境。因此,该定义明确地认识到,如果不保护物种种群生存的地区,就地物种保护就不可能到得成功,公约第8条(就地保护)提出了相同的义务。

对于驯化或栽培植物种的就地保护,"在它们已经发展了其特性的环境"指的是某种地区,在这些地区,人类创造了农业系统,在这种农业系统内拥有可辨认的植物变种(即当地品种)和动物品种,而不考虑这些植物和动物是否与其起源的野生种群的生殖隔离。

※　"保护区"是指一个划定地理界限,为达到特定保护目标而指定或实行管制和管理的地区。

本公约将保护区定为:
(1)地理上限定的区域;
(2)被指明或管制和管理的区域;
(3)为了达到特殊的保护目的。

传统保护区的一般属性是在地理上被划定的,即其区域或更简单地说其边界被明显地确定或划定。最初的边界是象征性地由立法确定,后来,在许多情况下变为立于地上的某种实体——招牌(标记)、围拦或某些其他有形标记。

本公约的用语"指定或实行管制和管理"对保护区的定义可能引起两个方面的混乱。第一,"指定"一词未经定义,其意思很难推断。例如,在最广义上看,任何区域不管是公共或私人土地拥有者都可能被指定为保护区。然而,很重要的一点是这种指定是否授与了一个区域法定保护权,使其能对特殊的保护目的起作用。

专栏 6　IUCN 保护区管理类型

　　IUCN 从 1969 年起便通过它的国家公园和保护区委员会(CNPPA)指导国际上的保护区分类。1978 年,IUCN 发表了有关保护区类型、目标和标准的报告,提出了 10 个保护区管理类型系统,该系统随后被许多国家的国家法规所采纳,并在世界范围内被保护区管理者采用。该系统也是"联合国国家公园和保护区目录"的组织机构的基础。现在,IUCN 修改了其最初的分类系统,保留了系统中前五个类型,并增加了一个新类型,并以"保护区管理类型评注"一书出版。该评注提供了有关保护区管理分类的一般性指导,对这些类型进行了具体阐述并提供了说明实际操作的具体例子。

　　保护区管理的确切目的各不相同,主要有科学研究、野外保护、物种与遗传多样性保护(见专栏 1 和 5)、维持生态系统功能(见专栏 4)、特殊自然地貌与文化场所的保护、旅游和娱乐、教育、自然生态系统的资源可持续利用、文化与传统的保存等。为实现这些管理目标,重点管理的不同保护区类型共有六个:

　　严格保护:主要为了科学或野生生物保护目的进行管理的保护区(有时亦称严格自然保护区/保留自然环境面貌的地区)(类型Ⅰ)。

　　生态系统保护与旅游:主要为了生态系统保护和娱乐目的(有时亦称为国家公园)而进行管理的保护区(类型Ⅱ)。

　　自然特征保护:主要为了保护特殊的自然特征而进行管理的保护区(有时亦称为自然遗址)(类型Ⅲ)。

　　通过积极管理的保护:主要为通过行政干预达到保护目的保护而进行管理的保护区(有时亦称为生境/物种管理区)(类型Ⅳ)。

　　陆地景观/海洋景观保护与娱乐:为陆地景观/海洋景观保护和娱乐目的而进行管理的保护区(有时亦称为受保护陆地景观/海洋景观)(类型Ⅴ)。

　　自然生态系统的持续利用:主要为持续利用自然生态系统目的而进行管理的保护区(有时亦称管理资源保护区)(类型Ⅵ)。

　　作为国际网络部分的保护区,如生物圈保护区(见方框 11)或被认为处于国际公约下的保护区,如世界遗产公约(Paris,1972)和湿地公约(Ramsar,1971),可能属于上述类型中的任一类,不再作单独类型处理。

　　1978 年的系统存在大量的混乱,因为不同国家对不同保护区的名称可能是不一样的,例如,"国家公园"在不同国家意味着不同的情况。事实上,对于各种类型的保护区,全球有 140 多种名称。因此,IUCN 分类以管理目的而不是区域名称来定义。保护区应根据国家法规设立,以便与国家、地区或私人目的和要求协调的目标一致,并且能依据管理目标以 IUCN 类型认定。最后,IUCN 的管理类型应被认为是政府或组织决定潜在保护区目的时必须要考虑采用的一种"驱动"机制。

　　第二,"或"一词的使用引进了一个对立面,它意味着保护区能被指定,但未必要受到管制和管理,反之亦然,尽管它要实现特定的保护目的。因此,"或"一词在定义中令人困惑(费解),"和"也许更适当。

　　最后,根据公约,所有保护区均应该"达到特定的保护目的"。这正像专栏 6 所建议的那样,这个具弹性的用语反映了保护区建设目的有着极大差异。

　　尽管该定义不够严谨,但它所针对的是为保护野生和驯化物种而建的区域。设计来保护维持基因资源的传统农业系统区域就是一例。但是它不包括那些在地理上未被划定或指定的区域,如某些国家保护的特定的生境类型或特征,比如湿地,无论它们位于何处。实际上,在上述两种系统中的差异正日益缩小[模糊不清](见第 8 条(d)的讨论](促进保护生态系统)。

> ※　"区域经济一体化组织"是指由某一区域的一些主权国家组成的组织,其成员国已将处理本公约范围内的事务的权力付托它,并已按照其内部程序获得正式授权,可以签署、批准、接受、核准或加入本公约。

欧共体是区域经济一体化组织的最好例子,不过世界上其他地区正在涌现相似的区域性组织。

建立三个欧共体的条约确定了联盟及其成员的权利划分。在保护领域中,最重要的是建立"欧洲经济联合体"的条约(欧洲经济共同体可简称"欧共体")。在生物多样性公约涉及的某些方面,成员国的权利已移交欧共体。欧洲经济共同体于 1993 年 12 月 21 日批准本公约。

权利划分在第 31 条(2)款(表决权)作有进一步的探讨。

> ※　"持续利用"是指使用生物多样性组成部分的方式和速度不会导致生物多样性的长期衰落,从而保持其满足今世及后代需要和期望的潜力。

这个概念看似简单,实则相当复杂。可以这样认为,在本公约之下,只有当下述条件满足时,对生物多样性组成部分特别是对生物资源的利用才算是"持续利用":

(a)利用能够永久持续下去,换句话说,它不会引起资源的任何明显的退化;

(b)利用不会危害生物多样性的其他组成部分(例如获取一个目标物种却偶然影响到其他物种)。这个双重的含意非常重要,并远比所设想的通常含意要广。

值得注意的是,这个定义强调生态系统而不是物种,与持续产量之概念有明显的差异;持续产量意味着在获取一个物种时,可不去考虑它与其他物种之间的相互关系。

生物多样性组成部分的利用,无论可持续与否,可能是消耗性的,如捕鱼,也可能是非消耗性的,如游览国家公园。非消耗性利用并非就是可持续的利用。例如,从本公约有关"持续利用"的两种含意来看,国家公园内的旅游业往往远非可持续性的。第 10 条的讨论(生物多样性组成部分的持续利用)更详细地讨论了持续利用的概念。

> ※　"技术"包括生物技术。

在本公约协商的前期,各国代表团不仅对是否在本公约中提及技术问题,而且对如果在公约中提到技术问题,那么应包括什么技术类型进行了争论。在明确技术包括生物技术之后,本公约清楚认识到一些代表团的观点能够自圆其说[(见第 15 条(遗传资源的取得)、第 16 条(技术的取得和转让)和第 19 条(生物技术的处理及其惠益的分配)]。

> ※　保　护

在公约中未定义"保护"一词。公约使用的"保护"与其他环境文件如《世界自然保护纲要》、《关心地球》和《全球生物多样性策略》中的"保护"略有不同。本公约分别提到"生物多样性保护"和"其组成部分的可持续利用"(或有时是生物资源),而不是将后者解释为前者的一个部分。这并非意味着这两个概念在实际上是分离的,相反,这种区分源于发展中国家的意愿,它们希望强调利用生物多样性组成部分的重要性。这有特殊的考虑,即如果在本公约中将"保护"一词按其自身的含意使用,可能将强调的重点转移到这个词的保护方面。公约全文中都使用了"保护"和"可持续利用"两个用语,在本《指南》中也是这样,强调需要达成这些不同目的之间的合理的平衡。

第3条　原　　则

依照联合国宪章和国际法原则,各国具有按照其环境政策开发其资源的主权权利,同时亦负有责任,确保在它管辖或控制范围内的活动,不致对其他国家的环境或国家管辖范围以外地区的环境造成损害。

在国际公约中,"原则"的法律性质和意义仍是一个颇有争议的问题。关于以什么来区别"原则"与义务和权利尚未达成一致。某些人认为,除非在公约正文中将"原则"表现为实实在在的义务和权利,否则原则不能直接应用而仅仅是无法律效力的概念。在此,无法对此法律理论问题进行深入探讨。有人建议,"原则"的内容尽管非常广泛,但它仍然属法规范畴,而且是更具体、更实在的义务和权利的基础和关键所在。原则构建了一个总体框架,必须在该框架中采取一定的措施,以达到本公约的目标。

我们面前的原则首次被纳入国际性协议的约束性条款之中,在它首次被列入1972年通过的非约束性的联合国人类环境大会的斯德哥尔摩宣言第21条原则的20年之后。自1972年起被用于软法规中,该原则常被理解为国家主权对国际环境政策和法规的不断增长的侵入的一种防御。

该原则承认国家根据自身的环境政策开发自己资源的"主权"。"国家主权"是为特殊目的而得到国际法承认的权利,在此是为了资源利用之目的。然而,它有两个重要的限制。

第一,开发资源的权利必须与保证边境环境保护的责任相结合。缔约国必须保障在其境内的行动或在其控制范围内的活动,例如在大陆架、渔业带或经济带的活动不会对其他国家或国家主权之外的区域,例如公海、深海床或外层空间造成损害。在国际法中,"无害原则"被理解为要求缔约国尽力防止"重大的跨边境危害",并被特别地与来自水灾和污染的环境灾害联系在一起。

第二,"主权"的行使还必须"遵照联合国宪章和国际法原则"。缔约国间的合作必须顾及联合国宪章中的各项义务,特别是有关提高生活水平、寻求解决国际经济、社会和健康问题的途径的义务。如果不考虑环境问题,这些目标就不可能实现。

最重要的是"国际法原则"的根据。今天,这些原则毫无疑问也包括国际和国家环境保护原则。它们是从过去20年来采用的国际协议和国际法惯例中取得的,对于所有缔约国,意味着保护其环境,持续利用自然资源和防止环境危害的基本义务。在国际上,还意味着保障其行为不会引起他国以及国家管辖范围之外其他区域的环境的破坏。例如,缔约国之间必须对特定的行为互通信息、互相咨询,因为这些特定的行为可能危害他国或国家管辖区外的区域。缔约国还有合作保护共享资源及保护管辖区以外区域的义务。

总之,本公约的义务和承诺不违背缔约国开发其"自己"资源的权利(那些资源位于其国家管辖的区域内,并且国家能够加以控制)。在具有自由选择开发的适当政策的同时,缔约国还有必须关注其境外环境保护的义务,以及联合国宪章和作为国际法一部分的环境保护原则。

第 4 条 管辖范围

以不妨碍其他国家权利为限,除非本公约另有明文规定,本公约规定应按下例情形对每一缔约国适用:

(a)生物多样性组成部分位于该国管辖范围的地区内;

(b)在该国管辖或控制下开展的过程和活动,不论其影响发生在何处,此种过程和活动可位于该国管辖区内,也可在该国管辖区外。

第 5 条 合 作

每一缔约国应尽可能并酌情直接与其他缔约国,或酌情通过有关国际组织为保护和持续利用生物多样性在国家管辖范围以外地区并就共同关心的其他事项进行合作。

直到谈判的最后阶段,一个立法者小组已接手这个问题并审查了本公约文本,在此之前本公约的义务范围一直是产生微弱分歧的焦点问题(Chandler,1993)。会议大厅的寂静和公约的草案形成了一些国家认为是不可接受的模棱两可的结局。例如,某些缔约国担心本公约可能被解释为要求一个缔约国采取步骤保护另一个缔约国领土内的生物多样性(Chandler,1993)。在海洋环境中,特别是公海,一个缔约国的义务范围尚未确定(存有疑义)。

第 4 条(管辖范围)和第 5 条(合作)的目的是通过解释在什么情况下、在什么地理区域内缔约国才必须采取行动,从而解决那些突出的问题。因此,这两条应一起阅读。但应该认识到,在指出每一类义务应在何处或怎样应用方面,这两条均无创新,而是对公约中这个主题问题简单地应用了现有国际法的法规。

本公约保护和可持续利用的实在义务主要是指(1)生物多样性组成部分(见第 2 条"生物多样性"讨论)和(2)能影响组成部分和生物多样性的过程和行为。如果能记住上面两条,第 4 条和第 5 条的解释就清楚了。但由于生物多样性的组成部分必然受到人类过程和行为的影响,因此也必须承认这些区别在某些方面是武断的。

在国家管辖范围内的地区,国家可以对有关地区及其资源如生物多样性的组成部分制定规章,也可以管理该地区无论是国人还是外国人所从事的一切过程和活动。这些权力来自于缔约国对领土享有的主权,或对领海之外国家管辖区的主权。这种权力范围存在变化,主要局限在近海一带(见专栏7)。

对于国家管辖范围之外的地区,情况有所不同。这些地区有时被称为全球公共管理区,如公海和大气层,它们在任何国家主权的管辖之外。在这些区域内,根据定义缔约国无领土权,因此,只能管制本国人在这些区域内的活动,以实现本公约的目的。

生物多样性的组成部分

根据第 4 条(a)款,缔约国在贯彻本公约有关生物多样性组成部分的规定时,其义务仅限于本国管辖范围内的地区。

第 5 条要求缔约国在国家管辖区范围之外和在那些存在"彼此关心问题"的地方,直接与有法定资格的国际组织合作或通过这些组织进行合作,以保护和可持续地利用生物多样性。例如,缔约国应合作保护和持续利用公海内的生物资源,如渔业活动。

涉及生物多样性组成部分的彼此关心的问题还包括迁徙物种和共同享有的资源。另外,彼此关心的问题还可能包括有关国家辖区内涉及生物多样性组成部分的任何公约的义务,同时也可包括缔约国双边或多边同意合作的义务。

　　根据第5条，缔约国必须直接与有法定资格的国际组织进行合作，或者在适当时通过这些组织进行合作。"有法定资格的国际组织"一般是政府间组织，如联合国技术机构，不过任何一个与本公约事务相关的国际组织，都可以被认为是"有法定资格的国际组织"。

过程和活动

　　根据第4条(b)款，缔约国无论在其国家管辖区内还是管辖区外的地区，都必须执行本公约有关过程和活动的规定，以使这些过程和活动在缔约国的管辖和控制之内。

　　第5条有关合作的义务也适用于国家管辖区之外的过程和活动以及其他共同关心的问题。公约第4条未明确要求一个缔约国去管制本国公民在另一个缔约国管辖区范围内从事的任何活动(Chandler,1993)。如果有关国家认为此事属于"彼此关心的问题"，根据第5条的规定，这便是应当进行合作的一项事务。

专栏7　在国家管辖区内的地区

　　在国家管辖区内的地区是(1)国际承认的国界内的领土(2)如系沿海国家,其领海及毗邻区(如渔业带、专有经济带和大陆架)。

　　一个国家的领土主权，只受其他国家对其领土行使同样主权的权利的限制，或国际法义务的限制。国家对海洋地带的主权依据是地理界限以及由海洋法规定的各沿海国家的权利和义务。

第6条 保护和持续利用方面的一般措施

第6条可能是生物多样性公约中最有深远意义的一条。其义务有：
- 制定国家生物多样性战略、计划和方案(第6条a)；
- 将生物多样性保护和其组成部分的持续利用融入有关部门和跨部门计划、方案和政策中[第6条(b)]

这是每一个缔约国有效保护生物多样性和持续利用其组成部分的关键。

因为第6条的实质是计划，因此，它与本公约中的每一条款均有关联。最值得注意的是第10条a款，它要求缔约国将生物资源的保护与持续利用综合考虑到国家决策中。

※ 每一缔约国应按照其特殊情况和能力：

(a)为保护和持续利用生物多样性制定国家战略、计划或方案，或为此目的变通其现有战略、计划或方案；这些战略、计划或方案除其他外应体现本公约内载明与该缔约国有关的措施；

(a)段要求每个缔约国制订或调整国家战略计划或方案，以反映本公约提出的有关生物多样性保护和其组成部分可持续利用的措施。这一条款对国家计划的制订提出了一项任务——准备一个行动计划，该行动计划至少反映出怎样才能执行本公约的条款及怎样才能完成本公约的目的。

"战略、计划或方案"没有作出解释，但战略要为保护生物多样性和可持续地利用其组成部分的国家行为提出具体的建议或步骤(见专栏8)。计划(亦称行动计划或管理计划)是用来说明一项战略所提出的具体建议如何得以实现的。方案用以执行战略或计划。本公约可能没有反映这一点，但实践中这三项活动主要在时间顺序上反映一系列的步骤。

此外，这些步骤尽管实实在在，但制定生物多样性战略、计划或方案也应该是整个"战略循环"中的一环。这是一个制定生物多样性战略、提出生物多样性计划和方案、落实方案、重新评估生物多样性战略的重要过程。经过改进或调整，该循环又继续进行。

这种作法的一个优点是，它强调过程而不是最后产出或结果。另一个优点是，战略循环使人们在思考时能吸收新信息，并对这些信息加以适当应用，无论这些信息是严格意义上的环境信息，还是有关运输、健康或贸易等其他部门的信息。战略循环还可促进政府将生物多样性保护及其组成部分的持续利用融入有关部门和跨部门的计划、方案和政策中(见该条b段)。

不应忽视一个重点，即这些战略、计划或方案是缔约国组织和执行其有关生物多样性保护和对生物多样性组成部分可持续利用的机制，这是一个包括政府多部门和私人组织的复杂的、多方面的任务。制定这些战略、计划或方案的过程正如其实施一样重要。事实上，其成功的实施很大程度上依赖于制定的过程。

例如，所有这三项任务执行必须反映利用或影响生物多样性的各选区居民之间的活动的一致性。这些意见(observation)与IUCN的国家保护战略实践中提出并由UNEP专家小组强调的重要观点一致，即有效的国家生物多样性战略、计划或方案的准备和实施要求一个很高的参与过程，特别是人民或最受影响的经济部门的参与(UNEP,1993a)。社区领导者、环境和发展方面非政府组织的代表、工业和贸易团体的代表都极大地有助于这个过程及结果的质量。以这种方式制定战略、计划或方案同时也变成了一个建立政策和社会一致性的方式，这是社会和国民生活改变所必需的。

公约(a)项提到"国家战略、计划或方案"，但"国家"一词不一定指"全国范围"。在一些缔约国，亚国家水平或地方水平的方式可能更合适。例如，某个缔约国可能希望在国内采取一系列亚国家水平的战略、计划和方案，合起来就覆盖了整个国家。在那些实行政体分立制度的国家，宪法或其他法律可能要求以亚国家级的水平来计划土地利用或自然资源的使用。在这些情况下，"国家的"战略、计划和方案可以仅仅是一系列亚国家水平战略、计划和方案的集合。

专栏 8　国家生物多样性战略

　　在很多情况下,国家生物多样性战略(NBS)是缔约国在履行公约义务所做工作的核心内容,它包括综合公约第 6 条(b)款所要求的部门的和跨部门的计划、方案和政策。它的首要作用就是为保护生物多样性和持续地利用生物多样性组成部分的国家行动提出具体的建议。这些建议应当产生详细的、有具体时间表和预算的计划和方案,并且将直接针对某些部门和跨部门在保护和持续利用生物多样性的方面的问题。

　　国家生物多样性战略是确定优先项目的有效工具,当一个国家可支配的经费有限时更是如此。要做到这一点,国家生物多样性战略必须首先:
- 确定行动的范围;
- 确定制约因素,如国力、财力、技术、抵触的政策、不健全的法律和机构等;
- 确定相关的政府部门和受影响者,如地方社区、商业和产业;
- 确定成本—效益解决方法;
- 分配任务(IUCN,UNEP & WWF,1991)

　　例如,国家生物多样性战略可以概述需要加以控制的生物资源的使用,或列出做为恢复计划目标的物种。这样做时,它可以做为基准或参照点来监测和评定进展。它将鼓励政府各部门间的合作,还可以将政府当局和民众的注意力集中到有关事项上来。最后,国家生物多样性战略也会为争取优先获得国家资金创造机会。在发展中国家,会有助于将国家的需要以及保护生物多样性的重点告诉捐助人。

　　国家生物多样性战略应在高于国家环境的层次或国家生物多样性研究的层次上运行。它可以依赖于或纳入现有的国家环境战略、计划或方案之中。但它的突出特点在于明确建议就保护生物多样性和持续利用其组成部分采取国家性行动。国家性生物多样性研究(见专栏 9)虽然不是与所有缔约国都有关系,然而它能成为制定国家生物多样性战略所需的基础。

　　制定国家生物多样性战略没有现成的套路。一方面,必须要尽快制定以便使计划和方案能开始实施,另一方面,又要同时保证该战略经过精心准备,吸收所有感兴趣的人参与。所以必须要在两者之间做出折衷。几点应当遵循的基本原则是:
- 建立一个核心小组(focal point),如国家生物多样性小组;
- 建立一个技术秘书处;
- 使国家生物多样性战略在说明性信息、选择分析和计划行动之间达到平衡。

　　国家生物多样性小组在制定国家生物多样性战略时可以起筹备指导委员会的作用。它应是为此任务而建立的一支多部门、多学科的队伍。它可以通过立法的形式建立[见第 6 条(a)款的讨论]。这支队伍要在战略实施过程中提供全部政策指导。它需要学术和研究机构的支持,因为这些单位有着生物学家、生态学家、经济学家、人口学家和土地利用学家队伍。它也需要各个政府部门,包括有关的社会、财政和政策部门以及自然资源管理部门(农业、渔业、林业和野生动物部门)的支持。地方社区组织和非政府组织,例如保护和慈善组织也应参与。

　　国家生物多样性小组可以划分成若干个工作组,各工作组负责搜集国家生物多样性战略不同方面的信息。应当尽量限制外国人的参与,以最大程度地利用和发展本国的知识力量。

　　由于国家生物多样性小组中的大部分成员很可能都是非常繁忙的专家教授,只能将部分时间用于这项工作,所以也许有必要建立一个小规模的常设技术秘书处负责组织、协调和管理国家生物多样性战略。秘书处成员也应当是具有某些部门知识技能的多学科人才。

续专栏 8　国家生物多样性战略

　　技术秘书处可以准备一份国家生物多样性战略草案,然后征求政府各部长、议员、感兴趣的人们和政府部门、国际组织和大众媒介的意见。也可以在全国范围内组织研讨会,介绍国家生物多样性战略草案,听取地方社团和其他人的意见。研讨会上收集到的信息将用来拟定国家生物多样性战略的最终方案。最后,国家生物多样性小组可把最终方案提交内阁,如可能同时可提交立法机关,以获得政治上的支持和政治上的实施承诺。

　　完成国家生物多样性战略后,国家生物多样性小组在技术秘书处的支持下必须向公众公布这一战略[见第 13 条(公众教育和意识)]。需要通过各种途径,包括利用适当的媒体来进行宣传。需要在各部、州或省、地方社团、非政府组织以及商业和产业社团的帮助下,为各关键部门和地区制定计划和方案。国家生物多样性小组需要监督所制定的计划和方案的实施以及取得的进展。它的报告可以做为缔约国履行公约第 26 条(报告)向缔约国会议报告的基础。需要对实施过程的结果进行评价,过程本身在定期适当检查和修改的基础上,应继续做为生物多样性战略循环的一个部分[见第 6 条(a)的讨论]。

　　此外,如果生物多样性在领土的某一部分受到比在其他部分更严重的威胁,那么对于该缔约国来说也许最好为前者制定战略、计划和方案。同样,缔约国可以为植物、动物或重要的生境制定一系列的部门性战略、计划和方案,但以上的重点应符合本条所规定的义务。

　　无论是通过一种综合性的方法还是通过一系列独立的方式,总之,(a)款使缔约国可以选择开发新的方法或采用其他现有的方法。这很有必要,因为几乎没有几个缔约国会从头开始这一进程。在过去的 10 年中,110 个国家已经完成了 220 项国家自然环境研究。

　　此外,即使不是大多数,至少也有许多缔约国已经制定或正在制定自然保护战略或行动计划,包括:

- 国家持续发展战略(见《21 世纪议程》第 8 章第 7 条)。
- 国家自然保护战略。自 80 年代以来,在国际自然保护同盟(IUCN,原名国际自然与自然资源保护同盟,译者注)、联合国环境规划署(UNEP)和世界自然基金会(WWF,原名世界野生生物基金会,译者注)的指导下,已经有 50 多个国家制定了国家自然保护战略;根据《21 世纪议程》第 8 章第 7 条和《关心地球》,这些战略有些正在纳入国家持续能力战略中。
- 由世界银行资助的国家环境行动计划。
- 多部门或部门性的行动计划,如热带林业行动计划。

生物多样性保护及其组成部分的持续性利用必然要成为这些活动的主要内容,而这些活动也应当适应生物多样性战略、计划和方案。反过来讲,其他的,如那些关于持续发展的战略、计划或方案,要遵从本公约的目标,这一点也很重要。要做到这一点需要协调和综合。第 6 条(b)款谈到了这个问题。

　　再者,在可能的情况下,现有的全球性和地区性战略、计划和方案能够并且应当用于制定国家性和亚国家性战略、计划和方案。这些国际性战略大概包括:《全球生物多样性策略》、《植物园保护战略》、《世界动物园保护战略》、《药用植物保护准则》、《全球海洋生物多样性》一书中提出的战略或 IUCN 的物种行动计划。(a)项没有特别提出用法律、法规或其他方式保证国家战略、计划或方案制定后即开始实施。遗憾的是各国政府往往采取种种环境行动手段,但却不提供法律保证,更不要说提供必要的资金去执行它们。

　　当然,有些行动可以志愿地执行,例如关于渔业的可持续性利用的研究。还有些行动可以通过行政决定或通过简单的预算分配的方法来完成。承担一项研究和培训计划或发动公众意识运动都是很好的例子。

　　然而,有许多行动无疑需要依靠法律来控制,如控制渔业捕捞或林业中的林木砍伐量。限制野生植物的采集和野生动物的猎取,建立和维持保护区或保护属于私人的有价值的生境都需要有法律来保障和执行。

　　由于国家生物多样性战略必须涉及所有与保护生物多样性以及可持续利用其组成部分的部门,所以必要时它也应确认现行的有关法律和需要法律的领域。

　　确立前文提及的生物多样性战略循环制度的立法也应当实施。例如,法规应当要求建立生物多样性战略、计划或方案,也应当要求将它们的实施和后来的修改做为该循环的一个部分。法规也可以建立一支多学科的永久性核心小组或监督机制,与当地政府共同协调生物多样性战略、计划或方案的确定,保证它们的实施和便于将对它们的修改做为战略循环的一个部分(见专栏8)。

　　(b)尽可能并酌情将生物多样性的保护和持续利用订入有关的部门或跨部门计划、方案和政策内。

　　仅靠自然保护部门和自然资源管理部门不能保持生物多样性,也不能在可持续的基础上利用生物资源。举例来讲,交通部门的政策(如修路政策)、农业部门的政策(如土地清理政策)和卫生部门的政策(如药用植物政策)对于生物多样性保护和生物资源的可持续性利用都有重要的影响,财政部门和计划部门的决策也是如此。

　　第6条(b)款是一项义务,是第10条(a)款更广泛义务的基石。第10条(a)款要求每个缔约国在国家决策中要结合生物资源的保护和可持续性利用。第6条(b)款对此进一步做了补充,要求缔约国将生物多样性的保护和可持续性利用纳入有关部门的计划、方案和政策中。

　　《21世纪议程》第8章(将环境与发展纳入决策)也对与决策相结合的基础做了总论性说明。本公约第6条(b)款和第10条(a)款表明,人们意识到生物多样性保护和生物多样性组成部分的可持续性利用只有通过采取综合方式才能奏效,保健、发展、贸易和经济决策等各部门在其部门的国家计划、方案和政策都应考虑到生物多样性保护及其组成部分的可持续性利用。

　　国家生物多样性战略应当为提高政策的综合性和协调性奠定基础,因为它应确定在国家和亚国家层次上进行综合的机会,然后才能通过一个其成员来自公共和私人部门的多学科的核心小组来促进和协调综合。实际上,这种协调机制可以通过所建立的制定国家生物多样性战略的核心小组来形成(见资料8的讨论和本条(a)款)。立法可以为这种制度机制提供所需的法律依据来寻求协调,保证生物多样性战略、计划或方案的实施,便利做为生物多样性战略循环一部分的修订。

　　结合还可以通过将生物多样性战略循环结合到其他战略循环上来协助实现,例如那些经济计划的战略(见本条(a)款的讨论)。只有少数国家试图将其与环境战略循环结合。但有迹象表明结合是达到持续发展和在有关部门国家决策中建立环境意识的一种特别强有力的方式,可能也是唯一的方式。

第 7 条　查明与监测

本条阐明生物多样性和生物资源信息的整理和利用。它要求缔约国：

· 查明对保护和可持续利用生物资源有重要意义的生物多样性组成部分[第 7 条(a)款]；

· 监测生物多样性组成部分[第 7 条(b)款]；

· 查明和监测那些对生物多样性保护和可持续利用产生重大不利影响的活动的过程和活动种类[第 7 条(c)款]；

· 保存和整理查明和监测活动所取得的数据[第 7 条(d)款]。

查明和监测有一整套内容，包括新数据的产生、收集现存的信息以及进行必要的整理，以保证所有信息易于获得并用于保护生物多样性和可持续此利用其组成部分。

最后一点很重要，第 7 条隐含着一种设想，即信息是为使用而收集的。确实，查明和监测只是行动的评注，本身没有完结的时侯。公约中所有关于实质性保护和可持续利用的条款都需要产生的信息。

第 7 条一开始就明确指出：第 8、9、10 条的目的，即生物多样性的就地保护、生物多样性的移地保护和其组成部分的可持续利用，特别应当对缔约国收集、提供和利用信息起指导作用。在下述方面，查明和监测的结果有重要意义：

· 制定战略、计划和方案[第 6 条(a)款]

· 将保护和可持续利用纳入部门的或跨部门的计划、方案或政策中[第 6 条(b)款]

· 完成环境影响评估(第 14 条(a)、(b)款；

· 谈判获取协议，包括利益分享[第 15 条(7)款]。

查明和监测不应视为是独立的和一次性的过程。缔约国需要提高自身在一个长期的、可持续性的基础上来完成它的能力。主要的制约因素是缺乏：

· 资金；

· 训练有素的人员；

· 设备，包括适当的计算机化数据库。

在很多情况下，有用的信息已经存在，如果这些信息能被收集和整理，可能对采取有效行动，或至少是采取初步的行动已是足够的了。另外，如果没有充分科学根据证明缺乏信息，则不应把需要更多信息做为推迟行动的借口(见序言第 9 段)。

每一缔约国应尽可能并酌情，特别是为了第 8 条至第 10 条的目的：

(a)查明对保护和持续地利用生物多样性至关重要的生物多样性组成部分，要顾及附件 1 所载指示性种类清单；

(a)项要求缔约国查明对生物多样性保护和可持续利用有重要意义的生物多样性组成部分。但并不要求缔约国对在管辖区内发现的所有生物多样性组成部分进行彻底清查。即使这样要求，基于世界预计 400 万—1200 万个物种中只有 10 ％被鉴定这样一个事实，缔约国也极不可能在相当长的时间里完成其管辖区内所有动物、植物和微生物的鉴定。况且很多国家已准备了生态系统以及高等植物和脊椎动物的调查描述。

在着手进行(a)款所述的查明工作时，缔约国应考虑到附件一所提供的生物多样性组成部分的指示性清单。这些组成部分的划分是根据：

· 生态系统和生境；

· 物种和群落；

· 已描述的、有社会、科学或经济价值的基因组和基因。

这三种标准对应着生物多样性的三种概念,即生态系统多样性、物种多样性和遗传多样性。

附件一就缔约国要查明和监测的生物多样性组成部分的本质提供了评注,也就是按照下述特征:

- 独特性;
- 丰富性;
- 代表性;
- 经济和文化上重要的或潜在的;
- 受威胁的程度。

按照联合国环境规划署组成的专家组的说法,附件一反映了"当代和后代的需要以及广泛的价值,其中许多价值可能难以估价"(UNEP,1992c)。这些价值包括:

- 药用价值;
- 农业价值;
- 经济、社会、科学和文化价值;
- 与关键的进化过程和生物过程有关的价值。

附件一　查明与监测

　　1. 生态系统和栖息地:内有高度多样性,大量特有物种或受威胁物种或荒野;为移栖物种所需;具有社会、经济、文化或科学重要性,或具有代表性、独特性或涉及关键进化过程或其他生物学过程;

　　2. 以下物种和群落:受到威胁;驯化或培植物种的野生亲缘种;具有医药、农业或其他经济价值;具有社会、科学或文化重要性;或对生物多样性保护和持续利用的研究具有重要性,如指示种;

　　3. 已描述了的具有社会、科学或经济重要性的基因组和基因。

为了在有限的财力和技术力量的基础上实现公约的宗旨,缔约国有必要将行动放在优先位置上。事实上,附件一所列内容描述了对于缔约国确定优先行动可能十分重要的生物多样性组成部分。生物多样性的国家报告(见专栏9)可能有助于缔约国确定优先行动,因为国家报告过程中的一个方面就是查明在知识方面的差距。确定优先行动可以使缔约国查明重要的生态系统和生境,以保证在这些地区的生物多样性首先受到保护。在这些地区受威胁的物种和群落随即也可查明,进而消除它们所面临的威胁,如果有必要,还可以采取恢复措施。

虽然已决定公约在中不包括建立诸如生物地理区、受威胁物种或其他全球性价值的生物多样性组成部分的世界性名单的义务,但缔约国可能会发现国家性的名单对于确定优先行动和完成公约的某些内容很有用。例如,在与法规联合使用时,国家名单可能特别有用[见诸如第8条(d)款(促进保护生态系统)和第8条(k)款(保护受威胁的物种和群体的立法或法规)]。

对持续利用有重要意义的生物多样性组成部分也要查明,其中包括有用的或有潜在用途的基因或基因组。这对于查明土著和地方社区传统农业中所使用的动植物的状况有特别重要的作用。事实上,这些社区的知识可能对完成(a)款各方面的任务都极为重要[见第8条(j)款]。

　　(b)通过抽样调查和其他技术,监测依照以上(a)项查明的生物多样性组成部分,要特别注意那些需要采取紧急保护措施以及那些具有最大持续利用潜力的组成部分;

　　(b)款在行动顺序上又迈进了一步,它要求每个缔约国监测(a)款中查明的生物多样性组成部分。重点放在以下两种生物多样性组成部分:

- 需要采取紧急保护措施的;

· 具有最大可持续利用潜力的。

专栏 9　生物多样性国别研究

很多国家都已经开展生物多样性国家报告。国家报告是对生物多样性、它对国家经济的重要意义以及威胁因素的全国性评价。这项工作得到了联合国环境规划署的支持和许多国家的资助。国家报告搜集的是"硬数据",可为制定国家生物多样性战略然后按照战略制定计划和方案提供一个重要的开端[见第 6 条(a)款及资料 8]。

虽然进行国家报告并不是绝对必要的,由于由此可以获得基准信息,所以它的主要优点在于,做为一种工具,对于监测国家生物多样性的损失和可持续利用生物多样性组成部分所取得的进展有极大的帮助。联合国环境规划署准备了一个专集,集中了 1992 年 4 月以前所取得的经验。其主要内容是此期间在巴哈马、加拿大、哥斯达黎加、德国、印度尼西亚、肯尼亚、尼日利亚、波兰、泰国和乌干达所完成的 10 份报告。

联合国环境规划署也准备了一份详尽的文件——《生物多样性国家报告评注》,它对开展生物多样性国家报告提供了较为详细的信息。总之,开展国家报告的几项任务包括:
· 查明对于保护和持续利用有重要意义的生物多样性组成部分;
· 搜集和评价为有效地监测生物多样性组成部分所需的信息;
· 查明威胁生物多样性的过程和行动;
· 评价保护和持续利用生物资源的潜在经济意义;
· 确定生物资源和遗传资源的经济价值;
· 提出保护和持续利用生物多样性应优先采取的行动。
该《评注》还阐述了国家报告与履行生物多样性公约间的关系。国家报告的作用在于:
1. 搜集和分析数据以查明缺少的和潜在的数据的矛盾(第 6 条、第 7 条);
2. 在这些数据的基础上制定战略和计划(第 6、10、11、12、13、14 条);
3. 贯彻执行战略和计划(第 6、7、8、9、10、11、12、13、14 条);
4. 评价为达到计划目标所采取的行动的效果[第 7 条(b)款];
5. 向缔约国大会报告所采取的国家性措施(第 26 条)。
生物资源的编目及其保护状况和经济潜力的评估是一项巨大而复杂的工作,为此,该《评注》提出了 20 条指导原则来帮助缔约国规划其国家报告。这些原则强调国家报告开始时应把重点放在已经获得的信息上,而不应试图通过新的研究去获得全面的信息。搜集数据的过程可以反映出知识的缺陷,继而在今后过程中的优先项目评价、战略规划和行动阶段得以弥补。第 4 步指出国家报告应当视为一项不断进展、不断完善的过程。

联合国环境规划署的《评注》并不是一套固定的规则,因为有的国家也许希望以自己的方式开展研究。《评注》只不过想帮助各国去评价属于其管辖范围内的生物资源的状况和价值。

公约没有定义"监测"的涵义,但却指出可以通过取样和其他技术进行监测。监测是指在一段时间范围内对某一种情形的衡量。人们花了大量精力调查和罗列受威胁的物种和生态系统,但却很少定期监测它们的现状。

全面强调优先事项表明监测系统应当着眼于使公约更有效执行的决策和管理。问题是很多现有的数据库并不是去查明完成这一项任务所需要确定的优先事项,也就是那些需要采取紧急保护措施的生物多样性组成部分和那些具有巨大的可持续利用潜力的生物多样性组成部分。

监测的另一个困难是缺乏持续的人力和财力。往往很需要的、训练有素的人员的流动率相当高。最后一点,监测是很费时间和财力的,而长期的资助往往很难保证。

因而,实施有效的监测,完成查明工作要求国家具有创新性的举措和国际合作,对发展中国家更是如此。资金和人力几乎在所有的缔约国中都是有限的。缔约国可以制定培训地方群众的项目,让他们参与查明和监测项目,并通过受过训练的专业人员指导他们的工作。这样做反过来又可以加强社团的参与和对生物多样性保护活动的了解和支持[见第13条(公众教育和认识)]。在这方面,缔约国还可以与非政府组织协同工作。

(c)查明对保护和持续利用生物多样性产生或可能产生重大不利影响的过程和活动种类,并通过抽样调查和其他技术,监测其影响;

(c)项要求缔约国:
· 查明对保护和持续利用生物多样性有或可能有重大不利影响的过程活动和种类;
· 通过抽样调查和其他技术监测其影响。

这一项本身就很重要,而第8条(l)款对它的特殊意义又做了阐明。第8条(l)款要求缔约国在发现所查明的过程或活动对生物多样性有重大的不利影响时,要对其进行管制和管理。监测这些影响的另外一种意义是按照公约要求采取的行动的成败将更易确定。

总而言之,这两款在国际法中具有创见性。它们是公约中最实际的部分,因为查明而后控制有害过程和活动的影响是缔约国为减少生物多样性的不断损失所能采取的最重要的步骤。

很多对生物多样性构成最直接威胁的活动和过程是众所周知的。其中包括:
· 毁林;
· 非可持续性农业;
· 湿地(沼泽)的排水或灌水;
· 侵入性引进种的扩散;
· 城市化;
· 污染。

这些情况在各国程度有所不同,但是在世界大多数地方,毁坏生境的活动看来是排在首位的问题。生物资源由于过度利用也面临威胁。例如,北海的渔业由于多年过度捕捞、环境污染的影响加之做为繁殖地的海岸湿地的破坏等的累加作用而受到威胁。影响是积累性的,总的影响往往不是相加的,而是非线性的。

生物多样性损失的间接的或深层次的原因很少为人所知,也更难对其进行监测和评价,更不要说去改变它们。根据联合国环境规划署专家小组的意见,这些原因包括:
· 国际的经济气候,包括贸易和货币兑换率;
· 政府的经济政策,如补贴和税收;
· 产权(土地使用权);
· 市场影响(UNEP,1993a)。

非可持续性的高人口增长率和资源消耗、结构调整政策、商品价格的作用、农、林、渔业贸易品种日渐减少以及土地管理的不足也都应受到谴责。《全球生物多样性策略》对此做出了详尽的分析。

(d)以各种方式维持并整理依照以上(a)、(b)和(c)项从事查明和监测活动所获得的数据。

第7条的执行会产生大量的信息,但动物、植物和微生物的标本也要采集。(d)款要求缔约国保留和整理在开展本条前面各款所说的活动时产生的数据。

很重要的一点是,决策者和管理者甚至还包括教育者需要的并不是这些数据本身,而是这些数据中所产生的信息。因此,缔约国除了保留、存储和整理数据以外,还需要开发分析、评价和以便于应用的方式传播信息的能力。要做到这一点,就应当建立生物多样性信息和监测中心(见《全球生物多样性策略》)。

国家的或亚国家的生物多样性信息和监测中心除了向如科学家、决策者、公众和产业界等用户群传播生物多样性信息外，还应是协调缔约国内部的生物多样性查明和监测活动的核心。一个国家中心可以：

- 协调国家性或亚国家性的生物编目；
- 协调现有的和新的标本收藏；
- 建立和管理数据库。

80年代的保护数据库热产生了各种各样的结果。事实证明很多复杂而昂贵的系统实际上很不实用，并且已被放弃。普遍存在的困难一直是缺乏有效的数据搜集网络。事实证明，尽管缔约国在国家范围内建立这样的网络应当比较容易些，但是建立全球性网络是极端困难的。

专栏 10　生物多样性——我们所知道的和不知道的

生态系统多样性

我们已经相当了解世界上生物群落的广泛的分布和范围以及组成它们的主要生态系统。由于它们的物种组成和/或物理特征，这些大规模的生物地理特征可以从卫星图象和航测照片中进行探测和制作成图。世界的生物群落和大型生态系统实际上是边界很难划定的当地生态系统、生境和群落的连续统一体的聚合(Groombridge,1992)。在某些情况下，人们无法准确地把它们做为单独的生态单元来定义，这就难以确定生态系统的变化速度，有时还会引起争论。不难理解，这种局限对于生态系统管理也有影响。例如，在80年代，不同的研究人员对全球热带林损失的估算有很大差异。最近的迹象表明，有些也许估计得太高。此外，对于生态系统如何起作用以及哪种自然过程和物种对某个生态系统的生存和生产能力起作用，我们知道得实在太少(见专栏4)。

物种多样性

在物种级别上，我们掌握的知识是不均衡的，不论从生物类群(或分类单元)还是国家来讲都是这样。我们对于哺乳动物(大约4300种)、鸟类(大约9700种)、两栖动物和爬行动物(10 500种以上)了解较多。例如，每年发现的鸟类新种大约只有1—2种。在25万种左右的高等植物中，估计约有85%—90%是已知的。但对于低等植物、真菌、无脊椎动物和微生物却所知甚少。这些生物占地球上物种的绝大部分。结果，我们甚至不知道大部分这些物种的最近似的数量级。

总的来说，已经描述的物种大约有170万个，而地球上物种的总估量还只是在猜测。世界自然保护监测中心出版的《地球生物多样性：地球生物资源的状况》一书中采用了的"正式数字"是1250万种，并至少有800万种(Groombridge,1992)。该报告对于常引用的3000万种或者更多持怀疑态度。但这样的估计可能在很大程度上是依赖于用于微生物的奥妙的物种概念。

总的来说，物种最丰富的国家正是那些关于物种的科学知识最少的国家。其部分原因是资金、技术和可动用的人力资源的匮乏。物种最丰富的国家几乎都是发展中国家。另外一部分原因是在物种丰富的环境下鉴定植物所固有的困难。所有高等植物中有三分之二是热带植物，其中有一半生长在拉丁美洲热带地区，而且这些植物丰富的国家中有些同时也是最缺乏植物学知识的国家。

续专栏 10　生物多样性——我们所知道的和不知道的

为了保证每个物种都得到保护,不仅有必要知道物种的存在,而且有必要知道它们的生物地理学,也就是他们出现在哪里。了解物种间的系统发育关系,查明和了解某个物种的集合,查明和了解物种对环境的适应性以及物种间的生态相互作用,这些也都很重要。尤其是在热带,我们关于物种的知识很大程度上是基于多年前采集的标本,而不是基于全面的评价。这是未来保护活动一个障碍。

科学家从事物种分类已有 200 多年的历史。按照目前的进展速度,要将所有的物种全部分类还需要几百年。然而天然生境丧失的速度要求现在就要掌握哪些物种在哪里的信息。因此,科学家们已经发现了各种捷径,既能提供生物多样性保护急切需要的信息,又不用先将物种逐个分类。采取这些方法是因为生物多样性在地球上的分布极不平衡。可以选择下述两种方法之一,也可以把两种方法结合使用。这两种方法是:

(a)利用了解得比较清楚的生物的已知模式来预测未知生物的丰富度。换言之,如果一个地区鸟类非常丰富,其他生命形式也可能很丰富。但最近的迹象表明,某一分类单元未必是另一类分类单元多样性的有效标志。所以任何预测都需要通过实地研究加以证实。

(b)在生物多样性可能很丰富的地区使用快速评价技术。例如,有一种技术是计数不同树种的数量而不鉴定每一树种的名称。用这种方法可以预测全部树种的多样性。

这些方法的优点在于它们确定的是一些地区。在树种丰富的国家,保护生物多样性的最好的、实际上也是唯一可行的方法是保护特定地区的天然植被,而不是逐个树种进行测量。

遗传多样性

与生态系统和物种不同,遗传多样性不需要全球范围的编目。每一个物种都代表着大量的基因,而这些基因中只有很小部分可能对人类有用。即便如此,微生物、植物和动物种群的全国性编目还是可以代替直接测量来预测某个物种的遗传多样性。复杂的 DNA 分析技术例如限制片段长度多态性(RFLP)分析虽然仍很昂贵,但可能对研究物种种群的遗传特性以及查明和清查原来未记述过的物种有用(UNEP, 1990a)。

有些缔约国可能希望把全部生物多样性信息都纳入某一个地点的一个单独数据库中,然后由一个国家生物多样性信息和监测中心来管理。而另外一些缔约国,特别是建有关于某些生物多样性课题的研究机构,如基因库和自然史博物馆的国家则希望分别保存信息。例如,国家植物标本馆就可以保存关于本国有哪些植物以及它们分布的数据库,而基因库可以维持关于这些物种中那些移地保存在国家种子库中和其他地方的数据库。

后面这种方式可能会有一些长处,因为正在形成中的国际数据标准本质上属于行业性的。例如,国际植物学分类数据库工作组(TDWG)已经准备了一套如何在数据库中贮存植物名称的国际认可的标准。工作组还制定了另一套把生长在植物园的植物的记录从一台计算机传递到另一台计算机的兼容标准以及一系列的其他标准。

缔约国可能会感到有必要对国家保护信息系统目前的活动进行一番评估,目的在于提供技术帮助和寻求今后的统一方法。在生物多样性保护的方方面面中,数据库要求有认可的标准,以向缔约国提供所需的技术和专业知识,避免徒劳工作,并保证建立的数据库能彼此兼容。因此,缔约国需要建立标准的传递模式和认可的分类标准,以保证数据库的兼容性。虽然这是在诱惑缔约国单干,但通过缓慢和复杂的国际准则和标准的认可程序可以获得良好的长远效益,至少在某些方面是这样。

第 8 条　就地保护

第 8 条提出了保护生物多样性的公约义务的主要方面。事实上，公约认识到就地保护是生物多样性保护的主要办法。

本条谈及生态系统、野生物种和遗传多样性的保护，它还包括对人培育的植物品种和动物品种的就地保护。有特别意义的是平衡保护区内与保护区外保护措施。实施本条时还应该拟定第 7 条下的查明与监测结果。

每一缔约国应尽可能并酌情：

(a) 建立保护区系统或需要采取特殊措施以保护生物多样性地区；

(b) 于必要时，制定准则据以选定、建立和管理保护区或需要采取特殊措施以保护生物多样性的地区；

保护区是任何保护生物多样性的国家战略的主要因素。众所周知的如国家公园、自然保护区，它们还包括，更新的概念如持续利用保护区、荒野地区和遗址。采用行之有效的管理时，良好的生物多样性保护区网络则标志着这个国家保护生物多样性的工作达到顶峰，保证大多数有价值的地点和重要物种的代表性种群以各种方式受到保护。这个网络对保护区外保护生物多样性的其他措施起到补充作用。

人们已知道很多关于如何建立和管理保护区的知识，并取得很大的成效。例如，实际上全球每个国家现在都有一个以上的国家公园。最近，在第四次国家公园和保护区世界大会（Caracas，1992 年）上，近 2000 名著名的保护区专家欢聚一堂，共同回顾所取得的进展，对保护区管理新办法达成共识。

(a) 和 (b) 款在"保护区"（如第 2 条定义）和"需要采取特殊措施以保护生物多样性的地区"作为一对对照，注意在第 2 条中，前者的意思较清楚，而后者意思则不清楚。

缔约国需要由于不同目标管理不同类别的保护区组合，虽然适当的不同类别组合对每个缔约国是不同的（见专栏 6）。此外，需要大保护区与小保护区的组合：一些大保护区较容易受保护、有较大的生态完整性，但很多小保护区可以包含更大数量的物种和生态系统，也许更能满足当地社区的需要。

所有的 IUCN 保护区分类（见专栏 6）与公约相关，虽然种类 I－IV 地区的主要目标可能通常是保护生物多样性，分类 V 和新分类 VI 地区的主要目标通常是对生物资源的持续利用。

至今很少有保护区宣布保护遗传资源，遗传资源保护也许通常很小，保护某一群体，特别适合于作物的野生亲缘种和从大自然直接收获的作物，如巴西果树和白藤棕榈条。对很多靠人类干预生存的有用植物来说，如田间或田边的植物，管理将确保传统活动的连续性[见第 8 条 (j)（尊重、保存和维持土著和地方社区的知识和作法）和第 10 条 (c) 款（保障和鼓励对生物资源的传统文化惯例的使用方式）]。

在 (a) 款中的"系统"一词意指缔约国或一个地区的保护区应以逻辑的方式选择，应组成一个包含保护生物多样性不同部分的各种成分的网络。新保护区应按照它们将对网络增加什么样的额外成分来进行考虑。在一些国家，首选的，通常是最大的保护区是用来保护风景区和大型动物的，而不是以它们对保护生物多样性的贡献来选择的。因此，重要的一步是，制定一个系统计划概括国家网络的目的，说明每个现存保护区为取得这些目标所作的贡献，找出漏洞，提供弥补这些漏洞的行动计划。

缔约国仅对有限的资源进行保护，在任何情况下选择保护区土地仅限于可得到的及不作其他有途的土地。在选择保护区时，缔约国希望考虑到一些包含特别丰富的物种地方这一事实。例如，大约 221 个特产鸟类活动区仅覆盖地球表面积的 2%，包含了 96% 的鸟类，其繁殖地面积少于 $5×10^4 km^2$，并包括 70% 受威胁鸟种的栖息地（Bibby et al.,1992）。缔约国可以对类似的地区，不仅是鸟类，而是在自然状态下研究所有物种，识别它们物种最丰富的栖息地。如果保护区选含生物多样性丰富的地区，它们可以不需要占用缔约国的大片领土。生物多样性普查对保护区选址至关重要[见 7(a) 条]。

拟订 (a) 和 (b) 款需要一个政府权威机构能建立和管理保护区的坚实立法基础。一旦保护区建立起来,就需要管理,通常由专职工作人员现场管理。经验表明,起草和同意一份执行保护区公约战略的管理计划十分重要,制定计划和战略对所有参与方——保护机构、当地民众、旅行社等,大家必须聚在一起,同意提出最佳的方案。

应当承认由政府建立和管理的保护区以外的那些保护区也很重要,很多的文化有这样的传统:当地社区建立保护区,如印度和非洲的圣地。这种传统对保护生物多样性会做出很多贡献,确保在最重要的层次即在当地进行管理[见第10(c)条(保护及鼓励保护生物资源的传统习惯方式)]。在很多发达国家中非政府组织拥有、管理保护区,在一些情况下,这些保护区可以与政府组织保护的保护区在大小及重要性上相媲美。把提供捐款或鼓励土地所有者将土地捐献给著名非政府组织,为关键地点建立保护区可能是对国家保护区制度有价值的补充。对政府来说,这样的措施也许是比政府试图自己建立这种保护区更有效、更经济的选择。

保护区可由政府在执行其他已存在的国际公约时设计,通常强调他们的国际重要性,如在世界遗产公约下(Paris,1972)。国家承诺国家和社会负责有效保护它们提出的并由世界遗产委员会指定的场所。同样的保护还可以地区协议提供,如地区公约和地区经济一体化组织的法律文件(见第2条中的定义)。

缔约国建立保护区时,需要总体考虑气候变化的问题,特别是最近开始执行的关于气候变化的联合国框架公约中的规定(New York,1992)。如专家们预言,全球变暖将改变高达地球表面三分之二的植被种类,可能会使建好的保护区不能取得保护生物多样性方面的效果,因为针对每一单独的植物、动物都建立起来保护区动植物在那儿可能不能生存下来。因此,对生物多样性有效保护需要:

(a)有效控制产生温室效应的气体,如,二氧化碳、甲烷、氯氟碳,这些使全球变暖。

(b)尽力建立一个较大的保护区,强调保护区之间建造走廊和"阶石",以使物种能随着气候的改变而迁移。

(c)管制或管理保护区内外对保护生物多样性至关重要的生物资源,以确保这些资源得到保护和持续使用。

(c)款责成各缔约国管制或管理确保使对生物多样性至关重要的生物资源得到保护和持续使用。这一义务不受地点约束,因此运用于缔约国管辖范围内所有地区,而不仅仅是保护区内。

本款是公约中明确要求缔约国管制或管理生物资源的唯一部分,所以特别重要。令人吃惊的是第10条(持续利用生物多样性组成部分)没有规定这一义务。然而,第10条确实要求采取与使用生物资源有关的措施,避免或减少对生物多样性资源产生的不利影响。而(c)款则把重点放在资源本身。

"管制或管理"意指控制所有可能影响有关生物资源的活动,因此,这义务的潜在范围是广泛的。直接使用或获取如打猎、收割明显包含在内。但是,也包括对生物资源间接或其他的影响的活动,如来自污染或旅游业的影响。

缔约国可以实施的管制和管理生物资源的措施的例子包括:
- 控制生物资源使用者的获取或收获;
- 在控制获取的同时,进行适当的贸易控制;
- 控制空气和水污染;
- 控制旅游业及相关产业。

在大多数情况下,缔约国应采取的管制或管理行动包括:
- 信息;
- 管理计划;
- 立法;
- 激励措施。

就依靠生物资源来说,拟采用何种最佳方法,控制者或管理者可能面临许多不确定因素需要情报信息作为管制或管理决策的根据。但是不应把缺少情报作为不采取行动的依据,预防性探索表明,缺少情报时应采用更为保守的行动(见序言第 9 段)。

日常决策需要情报,为特定的生物资源建立一个全面管制或管理计划还需要情报,决策应该与计划一致。这样的计划或项目的基础应从国家生物多样性战略中产生[见专栏 8 和第 6 条(a)],

而且,有效的管制或管理行动经常取决于要创建一个有效的法律框架,管制或管理行动才能落实实施,必要时还应强制执行。最终,管制或管理行动得通过一种合适的鼓励与不鼓励的混合措施来执行,消除"不正当的"鼓励[见第 11 条的讨论(鼓励措施)]。本段中描述生物资源为"对保护生物多样性至关重要的"是在谈判的后期增加上去的,有些不同寻常。它们暗示本段的义务没有扩大到所有生物资源。然而,因为每个生物资源的变化本身就是生物多样性的一部分,生物资源的保护和持续使用是对保护生物多样性的贡献。而且,预防性方法建议不要作这样的划分,特别是因为我们对什么物种对某个生态系统的作用至关重要,还不清楚时。

(d)促进保护生态系统、自然生境和维护自然环境中具有生存力的种群;

(d)款要求每个缔约国促进保护生态系统和物种保护,物种的种群应当在"自然环境中"得到保护。同时暗示着这一义务应扩展到遗传资源,因为在自然中它们是作为"有生存力的种群"存在的。

与本条(a)款而形成对照,在(a)款中,缔约国有义务建立生物多样性保护区系统;(d)款指的是所有地区:在保护区内外,在公共土地和私人土地上。

很多国家都有对脊椎动物物种保护的法律。保护无脊椎动物、植物或微生物的法律却没那么普遍。

保护个别的自然生态环境类型和生态系统的法律也不普遍,一些最受威胁的生态系统和生态环境类型包括:

- 淡水,如河流和湖泊;
- 沿海地区;
- 湿地;
- 珊瑚礁;
- 海洋岛屿;
- 温带湿润森林;
- 温带草原。
- 热带干旱森林;
- 热带湿润森林;

保护传统保护区以外的生态系统和栖息地的一个方法是通过基于计划控制的法律手段,例如在丹麦,对某些生境种类如沼泽地或泥炭沼泽,不管它是否在私有土地上,若做出任何重大改变的话,需要经过有关部门的许可。在法国,当地州长(中央政府在州里的代表)可以发出命令建立生境小区的决定,以保护任何物种在特殊安排下的生境;这位州长可以禁止或管制很大范围的活动,如车辆交通、种植、排污或建筑。在丹麦和法国的系统中,不对土地拥有者由于国家限制而造成的损失进行赔偿。

在瑞典,法律确立某些在全国受保护的生境种类。许多可能对受保护生境造成损失的活动受到禁止。没有例外,并且没有允许证制度。如果一块土地的使用由此而大大受到限制,必须给以土地所有者补偿。

在所有这三个例子中,受保护的生境不是传统意义的"保护区",因为没有特别确定的场点,然而实际上,这些生境点只是名称不一样,都是保护区。在很多情况下,提供的保护和要取得的目标与传统保护区是相似的。事实上,由于对生境类型的法律控制进行了精心的改进,所以这两种体制间的区别正变得越来越模糊。

"能生存的种群"这一说法值得评论,IUCN 把一个能生存的种群定义成为: · 维持其遗传多样性;

- 保持着其进化适应的潜力;

· 由于种群波动、包括环境变化或潜在灾难而绝灭的风险较小。

种群的生存力一方面取决于种群遗传学(基因库中的生存力),取决于群体的大小,当一个群体少于一定数量时,它就不在能适应于选择压力了,一旦它小于所谓的最小可生存种群(MVP)时,进化就将停止,短期内灭绝的危险将大大增加。尽管这个群体受到保护,免受外界有害影响。如果它低于MVP大小,仍非常可能灭绝。在这些情况下,避免灭绝的办法是使种群迅速增长到大于最小可生存种群。

不仅在保护区外需要保持有生存力的种群,在保护区内同样需要。保护区内外,都可能需要采取特别的管理措施来确保物种的生存或对该物种生态至关重要的自然生境的继续存在。为了最有成效,这些都可以写进法律[例子见第8条(k)保护使威胁物种的立法],因此,确保采取统一和协调的措施保护和持续利用物种及生境。

(e)在保护区域的邻接地区促进无害环境的维持发展,以谋增进这些地区的保护;

对人类而言,保护区设置地区的范围是非常广阔的。有时它们位于人口稀少的边远地区,有时,它们又可能位于都市邻近或人口迅速增加的地区。在后种情况下,人类活动会很大程度地决定保护区的生存力和效率,特别是,如果邻近地区人口正在增加,贫穷普遍,资源正在被过分的使用,工业存在或都市正在扩大。发达国家与发展中国家的保护区都面临着某一些或全部由于人所发展起来的威胁。

(e)款明确承认在保护区邻近地区的活动可能对保护区的成功是至关重要的。原因之一是邻近的社区最终控制了保护区的命运。理论上讲,如果保护区的建立没有使受影响的社区受惠就可能注定要失败,则该保护区就可能注定要失败。例如在一些例子中当地人失去了采收产品或放牧的传统权力或失去开发地产的能力。然而如果对当地人的损失做适当的补偿,或在保护区的邻近鼓励作一些与保护区目的相一致的各种形式的开发,保护区就可能成功。

一方面,本款责成缔约国促进保护区毗邻地区适当的开发。另一方面,本段责成缔约国确保在这些地区的开发不破坏保护区内的保护。为了达到这一目的,开发必须是对环境有益和持续的。

可作为各缔约国仿效的一种模式是由UNESCO人与生物圈计划开发与促进的生物圈保护区(见专栏11)。

生物圈保护区是作为持续资源使用和保护的模板而设计的,通常包含一个完全保护的。周围由广泛"持续利用"或"支持"地带包围的核心地区。

为确保开发是对环境有利的持续的并支持保护区目标,邻近地区必须服从于有关土地使用计划和控制的法律体制。也应该考虑到保护区及邻近地区的生物多样性水平,当地人口密度以及现有土地使用对所拟项目和开发计划的环境影响评估应该作为审查和批准过程的一部分。以确保保护区的目标没有冲突,生物多样性得到保护[见14条(1)的讨论及专栏12]。

保护区管理者们应该在邻近地区开发计划中有很大的发言权,实际上对邻近地区的开发和行政管理必须与保护区紧密联系在一起,应该把两个地区作为一个计划单位来看待。

每一个已决定在其邻近进行开发的保护区,必须建立密切的协调和一体化由现政府开发署和当地社区以及NGO代表组成的一个监督或协调小组。这个协调小组有提议和批准开发邻近地区的法律权威,并能监控开发对保护区和邻近地区产生的影响。

在很多情况中,大多数保护区邻近土地可能是属于社区或个人的。在这些地区采取管制或管理土地使用的做法应该与鼓励或不鼓励措施结合在一起实施(见第11条——鼓励措施)。这些会帮助和鼓励适当开发,不鼓励不适当的开发。这些做法应与去除或尽量减少那种鼓励丧失生物多样性不适当的鼓励结合起来执行。

有些鼓励可能与保护区无关,如建立保健中心,提供教育或培训,或执行鼓励某项土地使用的执行税收措施。其他可能与保护区本身有关。它们可能包括给旅馆和饭店特许权,对导游和管理人员找工作,以及与当地人共享公园设施如道路、医疗等。

专栏 11　生物圈保护区

在联合国教科文组织(UNESCO)关于人与生物圈(MAB)交互学科项目框架下建立的在陆地和沿海环境中的生物圈保护区形成了一类独特的保护区。其发展是被 UNESCO 和 UNEP 正式采纳并得到 FAO 和 IUCN 资助的，在 1984 年制定的一个行动计划来定向和支持。预想中每个生物圈保护区实现：

- 保护作用,保护当地产生的遗传资源、植物和动物物种、生态系统和具有保持生物多样性和支持生命系统价值的景观；
- 发展作用,将保护目标与对生态系统资源的持续利用相结合,以造福当地社区；
- 研究支撑作用,为当地、地区、全球目的的提供研究,监控、教育和培训机会和设施,通过在国际网络框架内组织交流,该网络连接在 UNESCO 主持下的所有生物圈保护区。

这三个目标来对每个生物圈保护区进行管理,并且以一个特定分区模式进行保护区设计,这种分区模式包括一个严格保护的核心区(或几个区),一个外围的缓冲区,只有与保护目的相一致的活动才能在缓冲区进行,和一个过渡区,在过渡区当地社区实施持续资源管理。

国际上生物圈保护区被 UNESCO 认为是对于保护生物多样性和进一步普及科学知识、技术能力和对持续资源管理与使用其必不可少的人类价值是非常重要的。在国内,国家为它们的生物圈保护区制定行动计划,提出管理目标大纲,确保保护监控的连续政策。

目前 82 个国家中建有 324 个生物圈保护区,形成了一个有助于合作、研究和监控的国际网络,并且在网络内共享经验、交流技术信息及人员。

加强网络功能的必要性,导致 UNESCO 大会决定制定在 1995 年就要确认的网络的法定框架。在这之前,应西班牙的邀请,UNESCO 将于 1995 年 3 月在塞尔维拉举办一个国际性的专家会议,以促进 1984 行动计划的执行,并为生物圈保护制定一个新的行动计划,这个新的行动计划将借助于 1984 行动计划已取得的经验,并将反映自 1992 联合国环境与发展会议以来的新发展。

资料来源：UNESCO 人与生物圈计划

(f)除其他外,通过制定和实施各项计划或其他管理战略,重建和恢复已退化的生态系统,促进受威胁物种的复原；

就大多数生物多样性重要的地区而言,从未受人类影响一词是不清楚的,这些地区通常受到人类活动的影响,人类活动是影响生物多样性的根源。(f) 款要求各缔约国：

- 重建和恢复退化生态系统；
- 促进受威胁物种的恢复。

这里所反映的是相信保护生物多样性不仅要寻找著名的野生生物分布点和边远及尚未被干扰的区域,而且要使退化的生态系统和恢复中的动植物群落重具活力。这可以是小规模的,例如在后工业化社会城市边缘的废弃厂址上重新绿化,还要净化受污染的河流或恢复渔场的生产力,或实施一项大计划在已退化成牧场或荒漠的土地上再造森林。如此多的地表被浪费掉,应在损害区域恢复健康生产的、有益于自然的生物多样性以及上述曾生活在退化区内或边缘的群落。

重建和恢复生态系统(有时叫恢复生态学)是一个相当新的概念,它依赖于自然演替,有时还有人类积极干预,如植树、采用控制烧荒和重新引入肉食动物,以恢复退化区域的生产性和保护生物多样性。一般地,在小规模如矿山、温带森林和盐滩及红树林沼泽地、湿地上很成功。大规模的应用例子很少,人们知道的例子是在哥斯达利加 Guanacate 国家公园正在进行的干旱热带森林恢复工作。

恢复生态学是一门应用科学,它需要对原有生态系统结构与功能的深入了解,还需要时间、人力与财政能力的支持。大小生态恢复项目成功是没保证的,尤其是如果原始性损害的引入,例如:像污染或不持续利用和可能激励它们的"荒谬的"动机(第见 11 条的讨论),以上这些还没被识别、减轻或消除掉的话。对所有这些原因来说,(f)款的部分的实施可能需要其他条款的实现,这些包括:

- 第 7 条(查明与监测);
- 第 12 条(研究与培训);
- 第 17 条(信息交流);
- 第 18 条(技术和科学合作);

第 10 条(d)款在地方水平上确认在退化区域能展开和实施恢复行动。如果得到缔约国的支持,当地老百姓因其是长远利益的最大受益者,因而对承担修复行动,保证监护任务的成功最有积极性。

(f)款用"重建和恢复"(Rehabilitate and restore)"的词语,大概是拟稿人察觉到它们之间有明显的差异。这两个词有时在使用时有明显区别这点是确切的,重建指要恢复到生产性的使用,而恢复即恢复原始条件。然而,它们一起使用时这种区别便消失,如果仅仅是把土地恢复到推测中的原始状态,这在实践上是不多见的。甚至在任何情况下,生态系统是如此的生机勃勃,以至选择任何时间点以代表原有状态都是很武断的。本款,两个术语联合使用可解释为"尽可能地使受侵扰和损害的系统恢复到它们的自然状态,或至少恢复到它具有可持续使用的状态。

也应当慎用"自然性"的概念。充满生机的生态系统使得"自然"的时间的选择也是武断的。实际上全球的生态系统都受到人类正、负两者的改造。驱除大型肉食动物(如在大多数北欧地区的狼)和草食动物(如猛犸象)使生态系统不可能恢复到人类出现以前的状态,如果真的可能的话,那是可取的。

在本款,缔约国也有义务去促进受威胁生物种的恢复。作为肯定的承诺,这义务在公约中具有新意的和重要的特征。别的国际协议只要求缔约国对生物种进行保护,而不必对它们的恢复采取积极步骤。

虽然,缔约国不能保证对受威胁物种的恢复,因这超出人类的能力或有时受经费限制,促进恢复的承诺显然很重要。当然,物种恢复的措施将为[保护生态系统和自然栖息地的措施见第 8 条的讨论)]其他措施支持,包括本款对退化生态系统的重建和恢复所采取的措施,因为多数物种的绝灭是由于栖息地的毁坏。

在许多情况下,受威胁的物种需要消除外部威胁和影响以外的修复性努力,如果它们要生存的话。例如,在种群生存力问题所讨论过的[见第 8 条(d)],小种群需要快速增长以便减少近亲繁殖。动物经过圈养、植物经过人工繁殖,随后直接回归自然,可以解决种群过小的问题。

根据本款,恢复计划和管理战略是实现这些目标的措施,虽然关于濒危物种的行动计划已出台(IUCN 的物种生存委员会一直致力于此),但仅对已知的成千上万的濒危动、植物种中的微不足道的部分制定了个别恢复计划。

过去已努力收集了大量的数据,但没有相应的工作,公约鼓励缔约国尽早行动。不同生物所要采取的行动是很不一样的。一些大的易受偷猎侵害的哺乳动物可能需要花费大量人力与资金,经常是长期的、数以百计人的终生贡献。并不是所有的濒危物种的拯救很费钱。照顾一些濒危植物只需相当一般的努力去管理小范围的稀有植物也就足够了。一个人能有效地控制、监护与促进几十个有时甚至是数以百计的濒危植物的拯救,尤其为当许多濒危植物生长在相同的地方时。

濒危物种的恢复需要相同的公约的条款去实施或筹划,如前面提到的制定生态系统的重建和恢复措施,恢复措施应依靠第 9 条(d)款和本条(k)款所提的法规或别的法律措施以保护受胁物种。

(g)制定或采取办法以酌情管制,管理或控制由生物技术改变的活生物体在使用和释放时可能产生的危险,即可能对环境产生不利影响,从而影响到生物多样性的保护和持续利用,也要考虑到对人类健康的危险;

(g)款要求每一缔约国采取步骤以管制,管理或控制对人类健康和生物多样性的风险,这风险来自对环境有负影响的由生物技术改变的活生物体的使用和释放。缔约国可实施一种方案,通过管制、管理或其他控制的方法等等一系统的措施来说明各种风险。

公约没有定义"由生物技术改变的活生物体",这个概念很广泛,包括所有生物技术改变的所有机体——不论是动物还是植物或微生物活体。

生物技术改变的活生物体(LMOs)有两个不同类别,第一类包括遗传物质通过传统的常规的方法改变的,如植物育种或人工授精。

LMOs 还包括由如重组 DNA 技术等更直接改变的生物体。这些生物体与术语"经遗传修饰的生物体(GMOs)密切相关 GMOs 的范畴比 LMOs 稍狭一点。GMOs 既可是死的也可是活体,在本款的义务仅应用于那些活体。

LMOs 由现代生物技术发展而来,如 GMOs,它实际上对环境,进而对生物多样性和人类健康带来风险。对这些风险存在和程度,人们的说法不一,并且充满矛盾。

在公约谈判讨论中,有许多关于是否和如何处理 GMOs 利用和向环境释放的问题。谈判中流行的是与 GMOs 直接有关的很多问题,例如入侵性的风险,引入的性状扩散,从生物杀虫剂中选择具抗性的生物以及毒性产物通过产品到了食品中等等问题可能在某些情况下,对常规发展或培育的生物来说也同样适用的。

例如,受到普遍关注的问题是,用现代品种和变种取代传统动物品种和作物变种,这也适用于所有用于农业上的 LMOs。结果带来基因流失、土地退化、增加对外界投入如化肥、杀虫剂和抗生素的需要,以及社会和经济的差异,这一切都可能影响生物多样性和人类健康。

最后,这些原因导致谈判人员用"LMOs"去取代曾在本章的早期草案中使用的"GMOs",这种替换大大增加了本款义务的范围。

这个义务的目的是为各缔约国去处理 LMOs(不仅是 GMOs)的潜在环境和健康风险时,要有对风险先进行评估、尔后相应出台一个管制、管理或控制的基础上的合理的、预防性的方法。

经济合作与发展组织(OECD),FAO, UNIDO 和 WHO 已有大量有关 GMOs 的政策指南,这些完全可以作为重要的参照模式用于履行本款中谈及的 LMOs。参考这些有关的信息和其他国家的经验对广阔范围的 LMOs 特别需要,而 LMOs 可能出现的不同程度的风险在一个缔约国制定的方案中已经包含了其范围和有效性。

当一种有机体可能对环境产生不利的影响,而影响生物多样性或对人类健康有风险时,采取各种方法控制应该是首要的。评估可能的风险应按以下三个主要标准进行:

· 要熟悉有机体及其特征;
· 有机体期望的应用价值;
· 有机体将或可能释放的环境(Persley et al., 1992)。

实施一个有效的方案可能需要许多学科知识,包括生物科学、经济和法律,发展中国家可能不具备资金、技术和人员等去完成。与他国合作的努力,能使缔约国获得实施能力。

在本款要求下建立的机制也能提供一些途径使缔约国完成第 19(4)条中的义务,19(4)条要求每一个签约国或他们的政府向另一缔约国出口特殊的 LMOs 时,应提供它用途、安全及对环境影响的有关信息。

(h)防止引进、控制或清除那些威胁到生态系统、生境或物种的外来物种;

外来物种(有时叫外来的、引进的、非本地或非土著的物种),对生物多样性的严重威胁仅次于栖息地的丧失,外来物种对生物多样性的危害已得到很好的证明。当引进一些物种到它们的非土著地时,他们:

· 与其他物种竞争空间与食物;
· 变成其他物种的捕食者;
· 破坏或使栖息地退化;

· 传播疾病和寄生物(IUCN，UNEP and WWF，1980)。

在海岛上出现入侵的外来物种会出现严重的威胁,海岛上的许多生态系统是在没有肉食动物和啃食性草食动物而进化而来。不管这些动物的引进是偶然的还是故意的,都会引起生态系统的严重破坏,并在一些情形下(如远离澳大利亚的菲利普岛)使原来的有植被的陆地变成荒漠。欧洲殖民者曾在 19 世纪和 19 世纪将山羊、绵羊、猪和猫等陆生哺乳动物引到许多海岛,带来了破坏生态系统的后果。当时,无意引入的大鼠和小鼠对在地上作巢的鸟类产生了很坏的影响。没有天敌、寄生物或疾病去控制这些引入动物。当地植物也没有对啃食动物形成如刺或不适口味等防卫机制。

植物的引进也存在同样的危害,植物常作为观赏植物而引入花园。在某些岛屿,除少数几块有包围的土地以外,引进植物已全部取代土生森林。在 Juan Fernandes 岛(智利)这些威胁其他植物的植物包括野生黑莓(悬钩子属植物种)和新西兰 Helena。毛里求斯和夏威夷岛屿受到影响最大。地中海型的植物特别是南非植物丰富的 Cape 区域的植物,造成了严重冲击。澳大利亚和新西兰也存在严重的动、植物引入问题。尽管保护栖息地的努力取得成功,大陆大规模传播的同时,在淡水和沿海水域、外来物种问题也越来越严重。

外来种扩散到淡水或沿海系统中后,是一个特别难处理的问题,有意的引入鱼种,例如维多利亚湖中尼罗河 在很多情况下已破坏了当地鱼的种群。

一旦入侵物种已经生根,用现有的方法根除它们是很费钱的甚至是不可能的。例如,从一条船卸下的压舱水中偶然引入北美大湖斑马贻贝,随后种群爆炸,这将每年花费上亿美元去治理(International Joint Commission & the Great Lakes Fishing Commission，1990)

山羊和其他大型哺乳动物容易减少,甚至会在小岛中消失,然而小哺乳动物和入侵植物的消失几乎是不可能的。应该记住,当考虑对其他物种的安全,为消除大量入侵物种寻找和引进它们天敌的费用是十分高昂的。猫被引到几个岛,希望它们能控制大家鼠和小家鼠,但引入的猫却发现当地海鸟味道更好且更易捕捉,因此把引入这类控制其他动物的动物一般被认为,纯粹是进一步的灾难。因为生物防治剂对别的物种和生态系统构成了威胁,FAO 正制定一套关于它们使用规则的指导(Beaumont，1993)。

因此,缔约国与非缔约国防止进一步引进入侵物种是绝对关键的,对入侵较脆弱的国家是那些已受创伤的国家,尤其是那些岛国。所有缔约国应重新审定他们的检疫法规、规则和惯例以保证那些可能有危害的动、植物(它们中活的部分,有种子)不会引进。预防与防治相比容易而且更便宜。有害引入的范围一直连续地在发生,这表明在许多国家控制是远远不够的。

国际上,《联合国海洋法公约》(Montego Bay，1982)第 196 条(技术的使用或外来种或新物种的引进)要求各国采取一切必要措施来防止、减少和控制有意或意外地向海洋环境中引进外来种或新物种。《21 世纪议程》[第 17 章 30 (a) (vi) (洋与海)] 要求各国考虑就排放压舱水制定适当规定以防止非本地生物的传播扩散。

另一些采取的国际性措施是关于植物和动物病虫害控制。如《国际植物保护公约》,该公约建立了出口许可证制度以保证出口的植物无虫害并符合进口国的植物卫生条例。国际动物流行病办公室已经为动物的进出口制定了健康和卫生指南 (UNEP，1993d)。

一些国家已经在国家法律中放入外来种问题。注意力一般集中在从国外进口外来物种上。但在一些国家也可能需要对从国内某地向另一地引进物种实行控制。防止向保护区引进也具有特别重要的意义。必须对以下两类的引进进行控制:

· 主动引进;

· 非主动或意外引进(de Klemm，1993b)

控制有意入侵的管制程序必须立足于许可证制度。这种制度的宗旨是只有当有充分把握确信不会因此而对打算引进该物种的国家或地区之生态系统、栖息地或物种造成严重损害时,才能获得准许(de Klemm，1993b)。这种制度往往是有风险的。既然外来物种和 LMOs 都涉及生物安全或生物防护,所以,这种制度可以扩大到包括 LMOs[见第 8 条(g)和第 19 条(4)的讨论]。

生物体的意外引入更难以通过规定程序来防止。但澳大利亚正在打算用国家立法来管制船只将压舱水排放到其沿岸水域。外来生物如进入该国,其保存、运输和销售都要经过批准。

如果损害性的引进已经发生,最重要的一点是立即采取控制措施。尤其是当一种入侵植物尚未广泛传播时,很可能将其彻底消灭。因此,政府应当给有关部门管辖权和能力,并使其能及时得到经费以便在引入生物扩散以前就将其控制住。

总之,需要给予控制外来生物工作以更多的优先考虑。在这样一个重要而又被严重忽视的方面需要有一个国际性倡议。特别需要有一个模型来预测哪个物种可能变得有侵害性以及侵害会发生在何处。

同时,也迫切需要各缔约国向公众强调指出外来生物可能的威胁。公众教育和宣传活动对这方面会有所帮助[见第 13 条(公众教育和认识)]。

(i) 设法提供现时的利用与生物多样性的保护及其组成部分的持续利用彼此相辅相成所需的条件;

这一款的词语有点不明确,而且由于它着重于利用,所以也许最好将它放在第 10 条(生物多样性组成部分的持续利用)中。

由于一个公约会给未来强加义务,所以往往更加难以改变现在的活动,特别是正在进行的生物资源利用,诸如对鱼类和森林的利用,尽管这种利用不是可持续性的。不顾现有的或已得到的权利的法律,问题就可能生活于危机之中,而且做出必要的改变是需要时间的。各缔约国也许不得不对那些有助于更合理或持续性的利用行为给予奖励(见第 11 条的讨论),而不是以法律的形式强迫立即做出改变。这也许就是这一款措辞不很强硬的原因。

(j)依照国家立法,尊重、保存和维持土著和地方社区体现传统生活方式而与生物多样性的保护和持续利用相关的知识、创新和实践并促进其广泛应用,由此等知识、创新和实践的拥有者认可和参与下并鼓励公平地分享因利用此等知识、创新和做法而获得的惠益;

人类与生物多样性的关系就像人类自身历史一样的悠久。任何致力于保护生物多样性和持续性利用其组成部分的努力都必须考虑到文化与生物资源间的相互作用。现代地球社会完善以前,世界各地的社区为了试图适应当地的环境条件,已成功地节俭地使用生物资源。

在此过程中,一套内容深奥、范围广泛的知识、发明和做法体系发展起来,并与生物资源密不可分。这使许多社区能在其当地环境允许的范围内生活,同时也蕴育了他们的文化与精神特征。

生物多样性的加速损失不仅意味着基因、物种和生态系统的损失,而且还破坏了人类文化多样性的特殊的结构,这种文化多样性是依赖于基因、物种和生态系统的持续的存在,并且是与它们协同进化的。当土著和当地人的社区、语言和实践消亡时,有时候永久失去了几千年来积累的巨大知识宝库。这正发生在"现代"社会刚刚开始认识和了解传统知识、发明和做法对于他们自身生存的潜在价值的时候(WCED, 1987)。

生物多样性公约在几处都承认土著和当地社区与生物资源有密切联系[见序言第 12 段、第 10 条(c)款(保护和鼓励习惯的生物资源使用方式)],序言第 13 段(妇女在生物多样性保护中的作用),第 8 条(j)款是公约的基本义务,指出了土著和当地社区体现传统生活方式的知识、发明和实践。缔约国要制定国家法规,必须要:

- 尊重、保护和保持土著和当地社区体现传统生活方式中有关生物多样性保护和持续利用的知识、发明和实践;
- 在这些传统知识、发明和实践的拥有者同意和参与的前提下,促进其广泛应用;
- 鼓励公平分享因使用传统知识、发明和实践而获得的惠益。

谈判过程中,国家法规中增加了关于缔约国国际义务的特别条款以维持一些缔约国通过条约和国家立法的形式固定与土著居民业已建立的法律关系(Chandler, 1993)。然而,严格地讲,本款所设定的目标很可能落空，因为其措辞意味着所有的国家法规，包括将来的法规都要处于优先地位。此外，正如序言第12段注解中所说的，"体现传统生活方式的土著和当地社区"这一用词反映了第8条(j)款不适用于虽有传统血统但不再居住于传统社区的人。

　　政府政策常常造成文化和生物多样性的损失。因此，要贯彻实施第8条(j)款，各缔约国首先要做的就是查明和消除那些由于文化多样性流失而造成生物多样性损失的政策所产生的影响。

　　保护和鼓励那些适合于保护和持续利用生物资源的习惯使用方法是保护传统知识的一种明显有效的方法[见第10条(c)款的讨论]。其他应考虑的行动包括：

- 消除那些鼓励过度开发农林和渔业资源、更换传统做法、植物变种和动物品种以及破坏生态系统的"恶性"刺激(见第11条的讨论)；
- 建立一套奖惩制度来鼓励传统实践和创新以及它们的使用；
- 开展民族生物学研究计划，查明和记录传统知识、发明和实践[见第12条(b)款的讨论]。

　　第8条(j)款的第二部分要求缔约国促进传统知识、发明和实践的更广泛使用。这项义务与本公约其他相关条款是相呼应的，如第17条(2)款(当地和传统知识的交流)和第18条(4)款(在开发和使用当地和传统技术方面合作)。

　　对此义务的一个重要限制是这种促进必须要在这些信息的拥有者同意和参与时才能进行。所谓"拥有者"可以是社区本身，根据具体情况，也可以是社区中的某个人，如萨满教巫师或农民。

　　第8条(j)款的第三部分要求缔约国鼓励公平地分享因利用传统知识、发明和实践而获得的惠益。总之，这两项义务承认传统知识、发明和实践对现代社会具有巨大的经济和非经济价值，并且承认其拥有者有权决定如何分享信息和为了何种惠益。

　　现代社会已经从传统知识和发明中得到了惠益。然而，即使有也很少地将直接惠益反馈给传统社区。例如，事实上现代西方医学使用的所有从植物中提取制造的药物都是从它们在传统社区使用中发现的，而不是偶然筛选分离出来的。而且，现代的动植物育种家经常依赖于由无数代传统农民开发的传统作物和动物品种中发现的遗传多样性来创造新的品种和改良牲畜。现代社会将继续从搜集、传播和应用有关下述方面的传统知识、发明和实践中得到惠益：

- 用作食品、医药、染料、纤维和杀虫剂的植物和动物；
- 农业、林业、水产和水土管理技术。

　　对各缔约国提出的要求是制定促进这些知识、发明和实践更广泛应用的适当政策和法律。同时保证其拥有者的同意和鼓励平等分享惠益。在某种程度上，这样做是困难的，因为可能难以确认所涉及的知识、发明和实践属于一个单独的社区或某个人。这就提出了准确认定谁应当受益和如何受益的问题。所采取的行动应包括：

- 就要求传统社区同意和与其分享惠益制定法规(也许与遗传资源获取的法规相符合——见第15条的讨论)。
- 制定特别的立法或其他措施以更好地使传统社区保护和管理他们的知识、发明和实践，例如植物变种；
- 与专业机构一起制定收集、传播以及分享传统知识、发明和实践的伦理行为指南和法规；
- 制定广泛计划，教育传统社区如何谈判惠益分享协议；
- 与非政府组织和地方机构一起查明潜在的惠益并直接将惠益返回到社区；
- 提高公众对传统知识、发明和实践价值的认识；
- 与其他缔约国合作贯彻作为《联合国粮农组织全球植物遗传资源保护和利用系统》之组成部分的农民权利(见专栏13)。

　　最后一点，缔约国根据情况，所选择用于完成第8条(j)款义务的一些行动可能需要与政策或法律共同实施。这样做会赋予土著或当地个人或社区一定的法律权利。而且，这些还会涉及土地、文化、知识产权、法律承认、法律以及相关的权利。这些明确的或含蓄的保证会有助于个人和社区保持他们的知识、发明和实践，明确对这些信息的掌握，并有助于保证利用这些信息获利的人公平地分享由此种利用而获得的惠益。

(k)制定或维持必要立法和/或其他规范性规章,以保护受威胁物种和种群;

这一款责成缔约国制定保护受威胁物种和种群所需要的立法。"立法"一词通常就包括"规范性规章(条文)",但在此条款中单独提到后者强调了这样一个事实即许多国家已经有了框架性立法,在此框架下可以用详细的法规来补充其条文。

(k)款是本公约中特别重要的条款,因为立法对防止受威胁物种的损失是非常重要的。这一事实在第9条(d)款中也有反映。第9条(d)款要求缔约国控制或管理为迁地保护之目的而搜集生物资源。因为人们发觉此类搜集可能会进一步危及受威胁的生态系统和物种。

保护单一的受威胁物种的法律是缔约国为保护生物多样性所采取的首批步骤之一。早期的法律有助于保护单一植物或动物免受直接针对它们的侵害。例如,对于动物来说捕猎、捕鱼,对于植物来说连根拔除或采摘。但是,事实证明在一些情况下,这些法律还不够完善,因为对于许多物种来说,最大的危害不是来自蓄意的行为,而是来自对它们栖息地的破坏。

结果,近来的法律也已经包括了对尚存在受威胁物种的地区的保护。由此而得到的附加效益是通过保护生境来保护一种受威胁物种,往往同时也保护了许多其他物种,并且必然有助于生态系统的保护。

栖息地保护应当是按照(k)款颁布的任何法律中的一个部分,因为所需要的是保护种群。缔约国将不得不制定不断改进的条款来达到目的,包括采用鼓励性措施(见第11条),和采取强制手段或土地利用管制(见第8条(d)款),因为在大多数情况下,不可能将每一种受威胁物种的栖息地都划入保护区。

保护植物方面的法规特别不完备,因此需要引起注意。在很多国家,植物是作为私有财产来看待的,所以土地的所有者可以任意将生长在其土地上的植物砍伐掉。在另一些国家,植物被认为是天然的免费产品,所以几乎可以在任何地方被任何人采集。然而,保护受威胁植物的栖息地往往比保护受威胁动物的栖息地要容易一些。因为植物不会移动,其中许多植物只占据很小的面积。另一个需要注意的方面是无脊椎动物的保护法规及附加的措施(de Klemm and Shine,1993)。

为了达到公约的目标,立法应当与对环境影响评价的需要联系起来(见第14条)并为第8条(f)款所要求的在原来地区以原有的密度恢复种群的计划做准备工作。最后一点,还没有批准《濒危野生动植物物种国际贸易公约》(CITES)(Washington,1973)的缔约国应当通过国家立法批准和贯彻实施CITES。在已经批准CITES的国家,应当对现有法律措施的效力进行评价并做出适当的改进。

(l)在依照第7条确定某些过程或活动类别已对生物多样性造成重大不利影响时,对有关过程和活动类别进行管制或管理;

第7条(c)款要求缔约国查明已经或可能对生物多样性保护和可持续利用产生重大不利影响的活动之过程和类别。第8条(l)款则要求他们"管制或管理"按照第7条(c)款已经查明的活动过程和类别。

第7条(c)款和第8条(l)款的联合效力非常广泛。很多因素会对生物多样性产生严重的不利影响。这些因素包括:污染、城市化、建立运输线、单一经营农业和集约农业、土壤侵蚀和人工林林业。本款和第7条(c)款中的"重大"一词给予缔约国某些判断权,去甄别有关的过程和活动。但这种义务实际上是所有缔约国都难以完成的。实施起来有很多工作要做。

特别重要的是保证在查明和监测活动中产生的数据要便于管理活动的决策者利用。公约指南中对第21条(b)款(有助于保护和持续使用的研究)和第7条(查明与监测)的注释中都强调了这一点。

当然,就很多有关的活动已经有了一些国际协议,如《气候公约》(New York,1992)、《消耗臭氧层物质的议定书》(Montreal,1987)、《远距离跨国界空气污染公约》(Geneva,1979)和各种有关海洋污染和渔业的国际协定以及大量的国家法律和法规。

(m)进行合作,就以上(a)至(l)项所概括的就地保护措施,特别向发展中国家提供财政和其他支助。

(m)款是关于财政和其他类型合作的。公约所有缔约国之间都应进行合作,但本款特别强调对发展中国家的支持。此外,重点是放在一个缔约国与另一个缔约国之间为贯彻执行(a)至(l)款而进行的直接双边合作,而不是放在根据公约财务机制(见第20条和第21条)所进行的多边财务合作。

"财政和其他支助"的含义是合作应以现金或实物的方式进行。因为实施第8条要求缔约国贯彻或利用公约的其他条款,所以这种支持可以扩大到如查明与监测(第7条)、研究和培训(第12条)、公众教育(第13条)或分享技术知识(第17条和第18条)等方面。

很多发达国家已经对发展中国家提供了双边发展援助。然而不幸的是这种援助一直是致力于在受援国建立对操作和其他方式的长期的支持需要,而受援国的预算承担不起在援助结束后继续工作的经费。所以双边援助的一个重要目的应当是开发当地在可持续的基础上继续工作的能力。

此外,在援助国与受援国之间应当有更好的交流以保证援助真正针对受援国的研究重点和需要。受援国可以通过制定国家的生物多样性战略(见方框8)和开展相关的行动计划或规划确定生物多样性工作重点和需要。他们也应当确保将生物多样性保护纳入有关的地区性或跨地区性的计划、规划和政策中[见第6条(b)],这样就为同样目的的援助铺平了道路。

对援助者与受援者来说,一条很重要的经验就是单一和孤立的有关生物多样性的项目对于一缔约国生物多样性的整体效益也许只有极小的作用。所以一个好的战略应当是将生物多样性项目做为更大的发展项目的一个组成部分来资助(McNeely,1988)。例如,如果计划修建大坝,那么一部分项目资金应当用于保存大坝上游的集水区。查明与监测计划、研究和培训计划以及公共教育与认识都应当作为项目的一部分予以拨款。

最后,还应当考虑支持国际性的和国家的非政府组织分别作为援助者和受援者的代理人和合作伙伴,以增强援助的效率和促进基层的参与和支持。

第 9 条　移地保护

除就地保护外，在某些情况下，这可对生物多样性组成部分实行移地保护，即在其自然生境之外进行保护。

生物多样性组成部分——遗传资源、野生物种、栽培物种或驯化物种——的移地保护采用多种日益增多的技术和设施，其中包括：

- 种子库、田间库和精卵库等基因库；
- 植物组织的离体保存和微生物的培养收集；
- 动物圈养繁育和植物人工繁殖，并有可能将这些物种重新放归自然；
- 为动物园、水族馆和植物园收集生物体，以用于研究、公共教育和提高公众认识。

移地保护为研究受保护的生物多样性组成部分提供了极好的机会。国际和国内各种机构，如种子库、微生物资源中心、动物园、水族馆和植物园，均参与了研究工作。

有些机构还在公共教育和提高公众认识方面发挥了主要作用。它们首先让公众接触那些接触不到的动植物。例如，据估计全世界每年参观动物园的人有 6 亿多（World Zoo Organization and IUCN，1993）。虽然这个数字可能还包括重复参观的次数，但清楚的表明，移地保护完全有可能成为生物多样性公众教育问题的主要手段。

第 9 条是本公约中有关移地保护问题的一项条款。整个条文清楚的表明，移地保护措施应成为辅助就地保护的主要辅助办法。换言之，就地保护遗传和物种多样性应成为缔约国的主要目标；移地保护措施应支持就地保护措施。

因此，公约拒绝某些人提出的如下观点，即保护生物多样性的主要办法，是采取移地保护措施，如建立某种形式的全球基因库。这样一种"技术性安排"即使确实可行，也有一些缺陷，包括缺少综合性，存在技术上的困难，而且费用高昂。本条和第 8 条（就地保护）提出了一种综合性的办法，根据这种办法，将酌情采取积极的就地保护技术。

全球生物多样性战略、植物园保护战略、世界动物园保护战略和文献中援引的其他提法均支持采取综合保护办法的意见，并向缔约国提供了明确的移地保护基本原理，所需采取措施的一般纲要及各种有关技术说明。

因此，以下评注是一般性评注。应参考另外一些文件，以获得更多的信息。应该记住，除第 8 条外，本条的执行与公约其他条款有关。最直接有关的条款是第 7 条（查明与监测）、第 12 条（研究与培训）及第 16 条（技术的取得与转让）。

每一缔约国应尽可能并酌情，主要为辅助就地保护措施起见：

(a) 最好在生物多样性组成部分的原产国采取措施移地保护这些组成部分；

(a) 款要求各缔约国采取一套未规定的措施移地保护生物多样性组成部分。与此同时，要牢记移地保护措施是主要辅助就地保护措施。

移地保护措施或许一直最广泛地适用于保护栽培和驯化动植物物种。移地保护技术，如种子库、农用基因库和试管离体储存一直是保护农业重要植物变种；例如：农民发展的当地品种和其他作物栽培品种的重要方法。

但是，根据全球生物多样性策略，还有另外许多类群需要移地保护。其中包括：

- 栽培植物和驯化动物的野生亲缘种；
- 微生物；
- 树种；
- 药用植物；
- 地方和区域性重要的植物作物；

· 观赏植物物种。

(a)款规定最好在原产国实施移地保护(见第2条定义)。这一点很重要,因为从历史上讲,大部分移地保护都远离原产国。至少就野生植物的移地保护而言,越来越多的证据表明,特别对生存于单个国家或岛屿上的植物来说,移地保护采用小规模的种子库比它们放到别处的一些单位使移地保护更为有效。

但是原产国的生物多样性组成部分能否进行移地保护,主要取决于能否得到充足的设备、训练有素的人员和财政资金。此外,在其他地方进行重复努力没有什么意义。

因此这些理由,(a)款有以下的含义,即每一个缔约国应该为移地保护要考虑优先领域,因为某些移地保护技术是很贵的。这些考虑可以包括:

· 确定需要采取移地保护措施的那些物种和基因资源[见第7条(查明与监测),尤其是附件1];
· 从可获取的财政资源、基础设施的过剩和存在的缺陷及受过培训的人员等方面情况,评价进行采取移地保护的现有能力[见本条(b)款和第12条(研究与培训)];
· 评价对从自然生态环境收集生物资源加以管制或管理的现行措施的效力;
· 确定与其他缔约国进行合作的潜在领域[见本条(e)款]。

可在完成国家生物多样性策略的范围内,着手确定优先项目(见专栏8)。

一个重要的政策问题,是如何取得移地保护的遗传资源,并分享利用这种资源所获得的利益。这个问题一般适用于基因库,大多数缔约国(如果不是所有缔约国的话)都需要解决这个问题(见15条有关的讨论)。这与谁拥有移地贮存的基因资源库有关,无论这些基因资源库属于为了国际社会的利益托管收集物的国际基因库,还是属于致力于改善地方农业的国内基因库,甚至是属于贮存有特殊物种的私人基因库。这尤其属于未按公约规定取得基因资源的问题[见第15(3)条的有关讨论和附录所载内罗毕最后文件第3号决议]。因此,各缔约国必须在国际、国内和私营部门一级仔细审查这个问题。

(b)最好在遗传资源原产国建立和维持移地保护及研究植物、动物和微生物的设施。

本款要求各缔约国提供或维持移地保护设施。尽管(a)款针对生物多样性组成部分,但(b)款中侧重于遗传资源的移地保护设施。

本款、前一款和本条开头的措词表明,每一缔约国都应有自己的移地保护措施。但对小国而言,这可能不现实。这些国家更适于使用与邻国共用的设施,这可分担费用和专门的技能。根据联合设施的功能,可能需要作出法律安排。以预先解决遗传资源和分享利用这些资源所获得的利益问题(见15五条的有关讨论)。这一领域的主要机构是国际农业研究咨询组(GIAR)所主持下的国际农业研究中心(IARC)以及不断增加的国际种子库。

如可可的种子不能贮存在种子库中而田间基因库可代替种子库。田间基因库为植物育种的活的收集物。但这些收集物易患传染病,而且加以保存的费用很大。另一种可以替代的收集物是体外组织培养物,这些收集的植物细胞真正是在被控制的条件下长。在适当条件下,细胞能生长成完整的植株(IPGRI,1993)。

保存野生物种的主要机构是植物园。移地保护野生动物种的主要机构是动物园和水族馆。对生物多样性保护具有重大价值的一些重要动植物收集场也掌握在私人手中。各缔约国必须确保根据至少符合国际标准的保护管理标准管理这些收集物。保存微生物的主要机构是位于全世界的23个微生物资源中心(MIRCEN)。

移地保护设施是研究人员在所控制的条件下研究植物、动物和微生物的理想场所。(b)款确认了这一点,并说明缔约国建立或维持的移地保护设施还应有助于研究这些设施所保存的生物资源。研究工作至少可实现两个目标,

第一、某一设施所进行的研究应包括对移地保护本身必不可少的研究,这对植物、动物和微生物是必要的。例如,全球生物多样性策略指出,就植物基因资源而言,需要改进收集、贮存和再生技术,进

行种质评价、编制文献和建立信息系统。所有这些领域对应用研究来说都已是成熟的。

　　第二、在生物技术日益需要新型遗传材料和有机体的情况下,有关移地贮存的遗传资源的信息可提高收集活动的价值。例如,对种子库资源的研究可更精确地确定它们的特性。这些方面的信息对潜在商业用户可能有价值,这些用户或许愿意购买某一资源和介绍该资源的信息。因此,信息可作为提供资源服务的一部分出售。支付资源的款项可用于资助有关设施,并扩大其资源和确定其特性。

　　(c)采取措施以恢复和复原受威胁物种并在适当情况下将这些物种重新引进其自然生境中;

　　(c)款补充了第 8 条 f 款(重建和恢复已退化的生态系统,促进受威胁物种的复原)。(c)款告诉我们,建设移地保护设施的一个理由是为了促进受威胁物种的恢复。这就加强了以下的观点,即很多受威胁物种的有效的恢复需要包括就地和移地保护技术的综合途径。

　　(c)款实际上超出了第 8 条 f 款的范围,提出了另一个因素,即重新引入。该款说明,对野生物种,而不是驯化和栽培动、植物物种,所采取的一些移地保护措施的最终目标,是将这些物种重新引入野生环境。

　　就野生动物物种而言,移地保护办法(主要是圈养繁育)的特殊价值,在于扩增濒危物种的种群。在种群很小的情况下,首要的是增加种群,以将基因流失降到最低限度[见第 8(f)条的有关讨论]。圈养繁育可实现这一目标。还有很重要的一点是,应尽快将动物重新引入野生环境,从动物行为上讲尤其是这样,并应确保动物处于进化动力之下。

　　圈养繁育使一些动物免于绝种,值得注意的是,阿拉伯大羚羊已从圈养繁育种群中被重新引入野生环境,这可能有助于拯救更多的这一类物种。此外人们还知道某些动物,如野马(prewalski horse),仅存于圈养环境。没有圈养这类动物将会绝种。

　　野生植物物种的情况略有不同,与圈养动物繁殖一样,人工繁殖对扩大濒危物种的种群,以将其重新引入自然生态环境十分重要,而且这项工作通常可以更快进行。利用种子繁殖和组织培植技术,单个植物可以在短时间内产生成千上万个植物个体。被重新引入自然生态环境的动物面临行动上的困难,而植物不会遇到。但有必要确保植物基因的构成成分不会因繁殖而改变。

　　就大量圈养繁育的动物而言,应在短期内将它们重新引入自然生境之中;就其种子可在种子库贮存几百年而不会失去活性的植物而言,切合实际的办法是将移地保护措施视为一种长期的保险政策,这种政策不仅用于需要立即恢复的物种,还要用于更多的物种。这些物种可预料到在今后数年内将会遭到破坏和损失。

　　当然,恢复、复原和重新引入自然生境方案的成功与否取决于多个变量。物种恢复和管理计划是帮助协调这种反应的重要先决条件[见有关第 8 条(f)款的讨论]。同样重要的是首先消除,至少是最大限度地减轻导致物种减少的压力,无论物种减少是由于丧失生境影响所致,还是狩猎的困扰或污染所致。在这方面可能需要立法[见第 8(1)条有关的讨论]。此外,实施移地保护措施的可能性不应作为将受威胁物种的自然生境转作它用的借口。

　　可能需要立法,使重新引入自然生境的物种免受新的压力或威胁[见第 8 条(k)款有关讨论]。

　　反过来说,可能需要采取步骤,确保重新引入自然生态环境的物种不损害现有种群或其他物种和生态系统。在这方面,动植物检疫保护条例应确保重新引入自然生境的物种不传播疾病。最后,重新引入自然生境的具体工作能否成功,完全取决于当地人民的支持[见第 10 条(d)款有关讨论]。

　　(d)对于为移地保护目的在自然生态环境中收集生物资源实施管制和管理,以避免威胁到生态系统和当地的物种种群,除非根据以上(c)项必须采取临时性特别移地措施;

　　本款主要说明,为移地保护目的的收集物种和遗传资源不应当破坏有关的物种与生态系统。这是一项已明确的保护原则,而且应在国际一级和专业团体内部制订收集动植物的准则。

　　例如,1993 年底,粮农组织会议通过了一项国际植物种质收集和转移行为守则(FAO,1993)。这一行为准则现已成为粮农组织保护和利用植物遗传资源全球系统的一部分(见专栏13)。除其他事项以外,守则强调,植物种质的收集者、提供者、保管者和利用者都有责任最大限度地减少在农业植物生物多样性的演化中以及在有关环境中收集植物种质造成的不利影响。

(d)款阐述的问题对动物比对野生植物更加严重,因为许多植物都可通过种子或插条繁殖,因此,取些材料往往不会大量减少野生种群。诸如作物品种等栽培植物而言,材料是取自农田和菜园。在这种情况下,(d)款的目标应是最大限度地减少基因流失,即遗传多样性丧失的危险。

需要允许收集在缔约国管辖下的所有物种,这可能是实施本款的第一步。可根据控制取得物种的现行立法制定有关这个问题的可行合法方针。可通过按第8条(k)款要求制定的立法,颁发采集受威胁物种许可证。此外,获取任何遗传资源的立法都还应包括反映本款意图的规定(见第15条关于遗传资源取得的有关讨论)。应要求可能属缔约国管理机构的许可证发放当局确保本款提出的各项条件,以及要坚持被视为必不可少的任何其他条件。

有必要及时确认可能需要圈养繁育的正在减少的动物种群或需要繁殖的植物。例如,国际自然及自然资源保护联盟有关圈养繁育的政策声明提出了如下重要的问题,即小动物种群易受伤害的情况始终被低估,而且圈养繁育动物的个体往往最后才被迁移。在这种情况下,有关动物的迁移所减少的野生种群数目比如果早期这样做要多得多。但这说明,管制和管理无论如何需要涉及有关种群和生态系统的准确信息,以便有关国家管理机构能够确定提议中的捕捉和采集会对这些种群和生态系统构成多大的威胁。

　　(e)进行合作,为以上(a)至(d)项所概括的移地保护措施以及在发展中国家建立和维持移地保护设施提供财政和其他援助。

同第8条(m)款一样,本款涉及财政合作和其他类型的合作。实际上,这两项的措辞十分相似。而且可以参照有关第8条(m)款的关于财政一般评注,以获得更多的信息。

(e)款突出说明了三个问题。第一、同第8条(m)款中措辞一样,(e)款中有关"财政和其他援助"的措辞系指可以以现金或实物形式进行合作。由于第9条的实施需要各缔约国执行或采用该公约其他条款,因此支持可以扩大到研究和培训(第12条)、公共教育和宣传(第13条)或共享技术知识(第17条和第18条)。

第二、合作范围扩大到在发展中国家建立和维持移地保护设施。几乎所有移地保护地区都缺少充足的设施,在发展中国家尤其如此。例如,全世界的植物园和动物园分布不均,与目前全球生物多样性水平成反比:发达国家作为一组,具有较少的多样性,但这些国家的植物园和动物园却比发展中多,尽管发展中国家具有更广泛的生物多样性(ER1,IUCN and UNEP,1992)。

与植遗传资源有关的作物情况可能稍好些,因为自1975年以来,国际植物遗传研究所(IPGRI)(其前身是国际植物遗传资源委员会)为国家植遗传资源方案提供了技术援助。按照(IPGRI)提供的信息,这种援助已最终在一百多个国家建立了国际和国内贮存特殊作物种质的移地保护设施。(IPGRI,1993)。

最后一点,基因库等移地保护设施的任务是长期致力于保护生物多样性。令人遗憾的是,这类设施特别是易受自然灾害、内乱和内战、政权倒台和财政资源不足的损害。在许多情况下,发展中国家不得不依赖捐助国的外部财政支持来资助它们的设施(IPGRI,1993)。在只是短期供资的情况下,就会产生一些问题。

各缔约国应谋求通过合作,制订创新方法,为基因库提供源源不断的资金。全球生物多样性策略建议为重要的收集物设立信托基金或赠款。这有助于弥补培训人员及收集物管理或获取的经常开支。此外,同就地保护一样,必然会对生物多样性产生不利影响或破坏生物多样性的项目发展援助预算,应为实施处于发展中的物种或遗传资源移地保护措施分配足够的资金。

第 10 条　生物多样性组成部分的持续利用

持续利用使用生物多样性组成部分是生物多样性公约的一个主题,实际上是该公约的主要目标之一[见第 1 条(目标)]。第 10 条,尤其是第 10 条(b)款(采取有关利用生物资源的措施,以避免或尽量减少对生物多样性的不利影响),是该公约持续利用要求的重点。但持续利用也在以下条款中得到强调,即第 8 条(就地保护),特别是第 8 条(c)款(管制或管理保护区内外对保护生物多样性至关重要的资源,以确保这些资源得到保护和持续利用)以及第 8 条(i)款(设法提供现时使用与生物多样性的保护及其组成部分的持续利用彼此相辅相成所需的条件)。

目前持续性被视为发展的指导原则。这一点反映在以下文件中,如《世界保护策略》,布鲁特兰德委员会(Brundtland Commisson)的报告《我们共同的未来》、《关心地球》、《生物多样性策略》和《21 世纪议程》。此外,发展与环境被认为密切相关,发展的程度取决于环境的质量。由于国民经济严重依赖遗传材料、物种和生态系统,因此保护生物多样性和持续利用生物多样性组成部分,同保护和持续利用所有其他可再生资源一样,越来越被视为持续发展的先决条件。

各国人民将生物多样性组成部分用于诸多方面。物种和生态系统的利用可以是经济性的(现金或物质),或是非经济性的(文化或宗教)。这种利用可分为消费性的或非消费性的,必须承认,这两者之间有时只有一种细微的区别。

除其他以外,消费性利用各种物种还包括采集、收获或猎取动植物,以获得食品、医药、衣服、住所、木材、燃料和纤维。消费性利用生态系统包括将森林变成牧场,排干沼泽地以修筑道路,爆碎珊瑚礁用作建筑材料,或将污染物排入河中。物种和生态系统的某种非消费性使用包括动植物育种,利用举行文化和宗教活动的圣地以及用于某些娱乐活动。

物种和生态系统"持续使用"的定义尚有待确定。持久性可能包括生态、经济、社会和政治因素(IUCN,1994a)。所有利用能否持续,取决于特定的情况。有一点显而易见:生物多样性组成部分真实的性质,以及人类对这些组成部分的使用,特别是人口增长和过度消费的模式,要求不断评估和在一段时期内重新确定以上情况。

IUCN 作出了极大努力去发展持续利用生物多样性组成部分的概念,特别是持续利用野生物种的概念。持续利用野生物种方案有助于各国和当地社区发展各种手段,确保持续利用野生物种。要为"野生物种的非消耗性和消耗性利用的生态学上的持续能力"有一套指南。这些指南尚在草案阶段。

该指南草案是以若干持续利用概念为前提的。有两种基本观点认为,持续利用野生物种有可能提供如下益处:

- 通过确保向人民长期供应重要资源及恢复因过度利用而损失损耗的物种和种群,来开发惠益;
- 通过保护特殊物种及有关的生态系统和物种来保护惠益。

根据指南草案,如能做到以下几点,就有可能持续利用某种特定物种:

(a)不降低目标人口的未来利用潜力,或损害其长期的生存能力;

(b)与保持支撑性和依赖性生态系统的长期活力相符;

(c)不降低其他物种的未来使用潜力或损害这些物种的长期生存能力。

应当考虑到的是,避免浪费性使用,并使动物免受虐待和可避免的痛苦。

尽管指南草案主要针对的是持续利用野生物种,但它具有综合性,因为该草案是以物种和生态系统为基础的。例如,指南(a)侧重于正利使用的物种的影响。另一方面,指南(b)和(c)权衡了某种特定物种的使用与这种使用对生态系统和其他物种的影响。

国际自然及自然资源保护联盟的草案还概述了实施拟议的持续使用指南的四项一般要求:

- 信息;
- 管理;
- 法律;

· 鼓励。

实际上,这四项条件恰好符合公约规定的一些义务,包括酌情采取预防措施。准确的信息是作出决策的基础。因此,作为采纳适当的持续利用措施的先决条件,各缔约国需要普遍收集有关物种和生态系统的信息。它们之间的关系,它们的使用情况以及影响它们使用的社会、文化和经济因素方面的信息。这一点符合第 7 条(查明与监测)、第 8 条(j)(土著与地方知识)、第 10 条(c)(习惯使用方式)、第 12 条(研究与培训)、第 17 条(信息交换)和第 18 条(技术和科学合作)。当然,什么样的信息才构成充足信息要因环境而异(IUCN,1994a)。但缺少信息不应成为不采取行动的借口,预防措施要求,较小的信息应产生更多的保护行动(IUCN,1994a)。

与收集信息同样重要的是传播信息。可利用信息传播提供宣传和支持,使公营(政治家和公务员)和私营部门(个体和商业/工业)实施旨在尽量减少对生物多样性不利的影响的措施。第 13 条鼓励进行公共教育和宣传。

对生物多样性组成部分进行管理,特别是对这些组成部分的利用加以管制,是一项十分有力的措施。各缔约国可以采用,以确保生物多样性组成部分得到保护和持续利用,并避免或尽量减少对生物多样性产生的不利影响。

在保护区内外实施的管理和管制措施应符合管理计划。这些措施还必须顺应变化的情况,并考虑现有可用的信息的不足(IUCN,1994a)。

能否有效实施持续利用措施,取决于能否建立一种有效的法律框架。框架内可规定、实现,并在必要时可强制性的贯彻以下目标:(1)保护和持续利用生物多样性组成部分和(2)避免或尽量减少对生物多样性产生的不利影响。有必要制定法律,以确定有关各机构和允许使用者之间管辖权和责任的明确规则,以及有关生物资源所有权的明确规则。

制定有效新法律的先决条件,是确认现行立法存在的漏洞和矛盾之处。为协同进行这项工作,缔约国还应全面审查现行管理政策,以确认另外一些漏洞和矛盾之处。制定一项国家生物多样性策略(见方框 8)对此可能有帮助。

最后,在适当的情况下,应结合鼓励和抑制办法实施持续利用措施,以鼓励在利用生物多样性组成部分时,避免或尽量减少对生物多样性不利影响的做法,并抑制那些未这样做的利用。这必须与消除"不正当"的鼓励办法结合进行。"不正当"的鼓励办法有助于非持续利用生物资源,并助长对生物多样性产生的不利影响(见有关第 11 条鼓励措施)。

每一缔约国应尽可能并酌情:

(a)在国家决策过程中考虑到生物资源的保护和持续利用;

(a)款要求各缔约国保护和持续利用考虑纳入国家决策中。第 6 条(b)款加强了这项要求。第 6 条(b)款确认,必须在"有关的部门或跨部门计划、方案或政策"中纳入上述考虑。履行这两项义务至少使缔约国:

· 制定保护生物多样性和持续利用其组成部分的预期政策(IUCN,UNEP and WWF,1980);
· 在有关机构间和政府一级建立更好的协调关系(IUCN,UNEP 和 WWF,1980);
· 把生物资源的损耗情况考虑进去,重新评估国家收入的多少(McNeely,1988)。

将保护和持续利用考虑纳入国家决策的道理很简单,就是希望通过将保护和持续利用考虑早日纳入决策进程,促进将反馈性的环境政策改为预期的环境政策。

在这方面,要贯彻第 10 条(a)款的规定,就需要缔约国承担并履行该公约规定的另外一些义务。尤其是,缔约国应进行研究(第 7 和第 12 条),以便更好理解生物资源的全部价值、对生物资源的需求以及该资源的有限性。缔约国还必须根据国家生物多样性策略,制订规划和方案[第 6 条(a)款],就其拟议的项目进行环境影响评估[第 14 条(a)款],并考虑所提出的生物多样性方案和政策对环境的影响[第 14 条(b)款]。

制定预期环境政策的基本的压制因素在于政府本身的各个机构。鉴于自然系统是处于一综合状态在运行的,但有些政府却要各有关部门去组织(McNeely,1988)。而政府有关部门本质上是鼓励对生物资源采取分割管理的方法,强调有限的资金和人力资源,很不好合作以及有关机构之间和各级政府之间的权利和管辖范围之间的争夺等等。狭隘的部门政策助长了各机构与其政策之间的冲突,并忽略了可能依赖或受益于生物多样性的其他部门(IUCN,UNEP and WWF,1980)。

基本上讲,将跨部门保护和持续利用的方法纳入国家决策,需要首先审查政府机构和立法是如何解决生物资源管理的。制定国家生物多样性策略(见专栏8)是了解和解决这个问题的第一步。这能导致建立国家一种机制,监督和协调可能会直接或间接影响政府生物多样性的政策和行动[见第6条(b)款有关的讨论]。还有确保所有机构,即这些机构的官员和各级政府了解生物多样性的重要性,以及它们的政策如何影响生物多样性组成部分的保护和持续利用。

国家做出的许多决定都是以经济情况为前提的。但是国家在作出决定时,历来不考虑生物资源和保护生物多样性对国家经济做出的重要贡献。这方面的一个主要原因,是传统的国民收入的计量制度是没有把生物资源的不持续利用而造成的枯竭看成为国家财富的一种丧失。各国消耗生物财富的速度往往比这种财富的补充速度更快。

相反,在财政的术语中对持续利用已经有很简化的描述,即"靠生物财富的利息,而不是靠生物财富资本过活"。虽然许多人对这一理想能否真实现有争议,但改进国家会计方法的余地是很大的。这取决于以下方面:

(1)在市场适当定出这类资源的价格以反映生物资源总价值;

(2)在成本收益分析中表明保护自然保护区的惠益;

(3)确保使那些从利用生物资源中获益的人要让他们的行为付出全部社会和经济代价;

(4)调整经济规划系统采用的贴现率,以阻止生物资源的枯竭(McNeely,1988)。

(b)采取有关利用生物资源的措施,以避免或尽量减少对生物多样性的不利影响;

(a)款要求在国家决策过程中考虑到生物资源的保护和持续利用,这只是缔约国最终避免或尽量减少对生物多样性的不利影响需采取的多种措施之一。(b)款要求各缔约国采取另外一些未明确规定的有关目前或今后利用生物资源的措施,以避免或尽量减少对生物多样性的不利影响。

理解(b)款的含义需要将它与第8条(c)款进行比较,(c)款与(b)款有关,但重点不同。(c)款要求个缔约国控制或管理生物资源以保证该资源得到保护和持续利用。

相比之下,(b)款要求各缔约国采取必要的步骤,确保生物资源的使用不致对生物多样性产生完全不利的影响。不同之处在于,第8条(c)款重点说明在对资源本身的伤害,而(b)款一般是指当利用一种生物资源时对生物多样性的伤害。因此,可以认为,(b)款对生物资源的使用采取了一种"生态系统途径"。

一些实例可进一步阐明(b)款。使用大部分生物资源会对其他物种,因而也会对生物多样性产生某种影响,无论这种影响是偶然使用一些非指定的物种造成的,还是因食物网中各种物种之间的相互关系、污染或播种等的相互作用造成的。但使用某些生物资源比使用另外一些资源产生的影响更大。对其他物种产生很大影响的实例包括砍伐热带雨林,因为这种砍伐会影响许多特有物种;捕捞金枪鱼,会殃及海豚;捕捞褐虾,会无意捕上海龟,以及大量捕捞鳞虾,会减少鲸鱼的食物。

应当考虑采取预防措施的重要性,不获得有关物种和生态系统,以及它们之间的关系、它们的用途、包括影响这些用途的社会、文化或经济因素的资料,就难以采取适当措施。

有了这方面的资料,就能按照旨在避免或尽量减少对生物多样性的不利影响的管理计划和方案,管理生物资源并管制生物资源的利用。其他有关措施可包括:

· 尽量减少对生境的破坏和片断化;

· 减少对非目标物种产生的附带影响。

有效的管理计划、方案或其他措施可用法律固定来保证它们的实施,如果必要时还可加强。此外,在实施这类措施的同时以鼓励和不鼓励合适的混合相结合,并取消"不正当的鼓励办法"(见有关第

11 条的讨论鼓励措施)。

(c)保护并及鼓励那些按传统文化惯例而且符合保护或持续利用生物资源的习惯使用方式。

今天许多土著和地方社区已经并仍然将陆地、海洋和水生生物资源用于各种经济、文化和宗教用途。文化管理机制和大量丰富的传统知识与习惯性使用生物资源齐头并进,这有助于某些社区避免过度开发生物资源,并适应在所能获得的生物资源的限度内生存(McNeely,1993b)。有一些文化管理的实例,现仅举以下几例:
- 自觉限制狩猎;
- 世袭土地所有权、放牧权、森林资源或捕鱼区;
- 轮流使用狩猎区、农业区和捕鱼区;
- 禁止猎取某些物种;
- 对森林皆伐加以限制;
- 从宗教信仰的角度保护特殊森林的树林;
- 采用特殊的农业、林业和捕鱼方法或技术,或者减少利用生物多样性所造成的影响,或者甚至增加生物多样性的技术(McNeely,1993b)。

在序言部分第 12 段,《生物多样性公约》确认许多土著和地方社区同生物资源有着密切和传统的依存关系。此外,序言部分第 13 段认识到妇女在保护生物多样性和持续利用生物多样性组成部分中发挥的极其重要作用。第 10 条(c)款要求缔约国保障及鼓励那些按照传统文化惯例而且符合保护或持续利用要求的生物资源习惯使用方式。

土著和地方社区的传统知识、发明和实践,直接来自生物资源的习惯使用方式。因此,应参照第 8 条(j)款来看第 10 条(c)款。第 8 条(j)款鼓励缔约国尊重、保存和维持土著和地方社区有关保护和持续利用的知识、发明和实践,经拥有者认可,促进更广泛地应用,并鼓励公平分享因利用此等知识、创新方法和作法而获得的好处。第 17 条(2)(土著和传统知识的交流)及第 18 条(d)(与开发和利用土著与传统技术合作)也是至关重要的。

缔约国在努力实施第 10 条(c)款时,如能认识到当地人民与生物物资之间的关系或许会有所帮助,因为当地人民最终主宰保护区内外生物资源的命运(Forster,1993)。但是,习惯使用方式、传统知识和随之建立的传统管理结构逐步受到许多因素的破坏,在出现国家经济和全球经济的情况下尤其如此。人口的迅速增长、贫困、旅游事业和生物多样性的损耗,造成了一些极为复杂的问题。

更集权政府的新的体制也已在起作用。现代法律、体制和生物资源管理实践几乎不承认习惯使用方式,而且未涉及社区所有权和社区争端解决等土著和地方社区规范。例如,将动物种类的国有化与禁止狩猎结合起来,并建立将周围居民排除在外,而不是包括在内的保护区,剥夺了土著和地方社区使用生物资源的权利,这些社区可能要依赖生物资源维持它们的经济和文化特性。按传统方式猎取受保护物种的作法已变成偷猎。在保护区,传统轮流耕作的农业成为非法侵占国家公园。

随着这些资源的丧失,传统资源管理系统的制约和权衡机制受到破坏。由于不鼓励持续利用生物资源,地方居民开始对远离他们的当局产生敌意,因为这些当局限制他们获取似乎不归地方所有的利益(Forster,1993)。

缔约国的主要目标,应是促进实施政府的政策,尽量减少或消除敌意以及政府与地方社区之间在控制和管理生物资源方面进行的竞争。从长远看,适当的习惯、使用方式、传统知识和文化体制可补充更现代的做法和体制,以实现更具体的管理目标。

在某些情况下,对生物资源实行更适当的管理,包括从国家到亚国家一级或地方一级履行日常管理责任,由地方社区提供广泛的人力和丰富的传统知识。可用如下方式,即在一个当地控制和平衡的框架内鼓励和维持和谐的传统的利用方式,再用一种高水平的监督性的控制来保证社区履行责任时误入歧途。还可采取适当的鼓励办法,鼓励各个社区[见第 11 条(鼓励措施)]。

可酌情推广现代技术和做法,以帮助各社区解决它们传统上未解决过的问题,如人口过剩、旅游或恢复受到破坏的景观,以用于生产用途。

开始这种操作的决定自然要由国家政府做出,国家政府对履行公约规定的各项义务负有基本责任。由于多种原因,这种分散化的方法可能对国家资源管理机构具有吸引力,在预算和人力资源使用过度的情况下尤其如此。

实现这一目标的第一步应包括:

- ·确定和修改助长冲突、竞争和剥夺权利的现行国家法律、机构和政策;
- ·确定符合保护或持续利用要求的习惯使用方式和传统知识;
- ·建立可使社区有效参与做出对其具有影响的管理决定的机制,如建立保护区;
- ·加强在社区一级的结构。

(d)在生物多样性已减少的退化地区资助地方居民规划和实施补救行动;

(d)款认为最好在地方一级规划和实施退化地区补救行动。当地居民获得和使用生物资源意味着,如果补救行动能够取得成功,这些居民就可获得大部分利益。因此,如能提供适当的支持,就会极大地促进当地人民采取补救行动,并确保这一行动取得成功,还可确保一个地区不再陷入退化状况。

补救行动往往是劳动密集型的,并取决于可能代价高昂的补救程度。因此,没有政府的支持,当地人民不可能采取补救行动,即使从长远角度讲,这类行动可能证明具有很大的成本效率(McNeely,1988)。政府的首要任务应当是提供一种鼓励采取补救行动和协助当地人民采取这类行动的框架。

补救过程的第一个步骤,是协助地方社区制定补救行动计划。为保障地方社区的利益,并使其能够进行合作,应确保它们充分参与制定任何行动计划。这能提高社区居民的认识,有助于增强对该项目的责任感,并能使人们清楚地了解对补救行动的成功致关重要的新信息。

行动计划中一项基本的,如果不是不言而喻的,目标是首先要确定这个地区退化的各种原因。在许多情况下,地方上发生的问题产生的根源可能在于实际上是促进退化的国家政策。查明并消除这些不正当的鼓励措施(见有关第11条的讨论)是当务之急,并有助于当地居民保证该地区今后不再退化。第10条(c)款的评注概述了可采取的其他措施。

另一个重要步骤是确认地方社区处理它过去面临类似问题的传统能力。由于具有传统生活方式的社区同生物资源有着密切和传统的依存关系,因此,它们或许发展了可以用于促进采取补救行动的做法、知识和体制。

在传统知识匮乏或需要补充的情况下,政府可为建立社区能力提供资助。一些措施可包括:

- ·进行教育和宣传(使用地方语言);
- ·进行技术培训;
- ·转让必要的技术或材料;
- ·提供组织或行政方面的支持;
- ·提供财政资助。

如果不是发挥全部补救作用的话,财政资助将发挥大部分重要作用。各国政府可协助这方面的工作,提供低息或无息贷款或相应的资金,其他有益的资助措施可包括财务奖励,如补贴、税款减让或实物奖励,如奖励以劳动换取食品。还可利用奖励办法促进地方社区与其他部门之间的伙伴关系,这些部门包括大学、银行、宗教团体和非政府组织(INCU, UNEP and WWF,1991)。国内管理机构也可争取捐款国和国际组织提供援助资金、技术或技术援助。

(e)鼓励其政府当局和私营部门合作制定生物资源持续利用的方法。

(e)款确认私营部门与政府间有必要进行合作,以实现生物资源的持续利用。在这方面,合作各方应共同认识到一个国家需要从社会、经济和环境方面持续利用生物资源。

在履行这项义务方面,一个随即产生的问题是"给私营部门做出定义"。人们会立即想到的是商业和工业,但从非政府组织和机构以及个人也是私营部门的一部分。

　　商业和工业可以发挥特殊的重要作用:将生物资源用于各个方面,以生产人类消费品。但是,还有许多事例说明,在索取和消费生物资源方面以及在产生的废物种类和数量方面都说明生产工艺缺少效率,因此是不可持续的。非消费性工业,如生态旅游业也对生物资源具有直接和间接影响。目前,许多工业和商业部门正单独或联合采取措施,以有利环境的方式生产商品和作各种方面的服务。本款确认,通过政府与私营部门之间的合作,将能加强这类努力,以发展新的生产技术,用于取得或更加有效地利用原生物资源,并进一步减少废物和污染。

　　政府可将鼓励和立法结合起来,鼓励上述做法。工业可采取自愿行动原则、最佳管理作法或自愿施加的内部政策鼓励这样做。个人在购物决定或消费习惯方面也能对所有这一切产生影响。

第 11 条　鼓励措施

　　每一缔约国应尽可能并酌情采取对保护和持续利用生物多样性组成部分起鼓励作用的经济和社会措施。

　　缔约国可以采取各种手段,促进保护生物多样性和持续利用其组成部分。但是这些手段传统上依赖指挥和控制机制不足以保护满足社会福利所需的生物多样性(McNeely,1988)。其主要缺陷是未能充分对付使地区生物多样性受到损失的国家和国际的经济上的驱动力。近年来利用经济手段解决环境问题已被更加广泛地接受。生物多样性公约反映了这一趋势。

　　第 11 条要求各缔约国采取鼓励措施保护生物多样性及持续利用其组成部分。所采取的措施应在经济和社会方面具有合理性。

　　该条款的措辞委婉,甚至有点虚构的成分。虽然该条题为"鼓励措施",但其义务本身并不是要制定鼓励方案,而是要采取鼓励措施,更精确地讲,是鼓励保护和持续利用生物多样性及其组成部分。此外,公约确认,各缔约国的情况有所不同:对一个国家适合的经济和社会措施可能并不适合另一个国家。实际上真正需要采取的是适合缔约国具体情况的综合鼓励和控制方法,用于补充和支持上述指挥和控制机制,同时取消或尽量少用促使生物多样性受到损失的鼓励办法。

　　各种鼓励促进了希望采取的行动。在公约范围内,鼓励办法专门用于或促使政府、工商业或当地人民保护生物多样性和持续利用及其组成部分。这种办法可适用于地方、国家和国际各级水平。

　　某些鼓励是直接给予的(现金或实物)。例如,为保护生物多样性而直接给予现金鼓励,包括向农民提供贷款,帮助其支持推广"害虫综合治理"技术的费用,向土地拥有者提供补贴,以用某种方式管理土地(如欧洲联盟向某些农民提供的资助),或禁止改变现有土地使用方式(如同英国具有特殊科学意义的指定地点)。各国政府还向土地拥有者提供贷款,以恢复受到威胁或损害的生境,如英格兰和威尔士的乡村管理计划。

　　为保护生物多样性直接给予实物鼓励的办法,可包括使地方社区建立符合地区保护目标的习惯使用保护区,以及在公约缔约国之间为一个地区森林恢复项目提供种苗或技术转让。

　　为保护生物多样性给予的其他鼓励是间接的。这类鼓励不需要为保护提供直接或特殊的预算拨款,而可以是财政、服务或社会基础之上的。财政鼓励措施包括对保护湿地等特殊生境类型实行免税或减税。例如,在明尼苏达,对湿地和天然高草地不收土地税。另一项财政措施是为自然互惠信贷借款。

　　以服务为导向的保护生物多样性鼓励措施,包括公共教育或技术援助方案,如农业、林业或渔业扩展方案。旨在提高生活质量的社会鼓励措施包括对土地使用权实行改革,建立社区机构或者获得家庭计划服务。

　　相比之下,不鼓励措施抑制不可取的行动。在公约范围内,这类措施是为阻止生物多样性损耗而设计的各种陈述或机制。因此是对鼓励办法的补充,即所谓"萝卜加大棒"。税收或其他收费是典型的抑制机制,这类办法促使居民或商业纠正"不利于"环境的行为。财政抑制办法往往用于污染方面(如对放射物或污水收费)。当然也可用于其他类型的环境损害,包括生物多样性损失。例如,对使用某类土地实行税收或其他收费。许多传统文化和社区发展了自己极为有效的强有力的抑制机制,包括利用舆论和禁止手段。

　　实际上,某些鼓励措施是鼓励了生物多样性的损耗或给保护设置了种种障碍。因而,被称为不正当的鼓励。例如,一些国家在土地开垦早就对国家不利的情况下,还为土地开垦提供赠款。对农产品价格实行补贴通常证明对生物多样性极为有害,这种作法助长破坏自然生境,甚至开垦不太适合农用土地以及以现代标准品种代替适合地方的品种。此外,为渔民改造捕鱼工具提供补贴往往证明是大错特错的,只有 给渔民各种方法,让他们不要捕捞太多的鱼种,然后在不用发布任何适当的控制机制情况下,每年还可以捕到鱼。至于物种,大量捕杀狼等肉食动物,会进一步增加这类动物的死亡率,而且这样做往往证明是毫无必要的。

上述鼓励办法往往出于完全正当的政治或社会原因,但是制定这种办法使环境考虑的具体化,会加剧非故意的使生物多样性遭到损失的情况。在这种情况下,实际上该系统未能对代表影响生物多样性的其他部门所建立的鼓励和抑制政策采取一致的措施。双边和多边发展机构经常通过其政策和方案,造成类似情况。

这些不正当的鼓励办法不仅直接使各国政府损耗了大量资金,还过分利用物种或加重生态系统退化,而间接地使国民经济付出了潜在的代价。因此,根据公约采取的鼓励和抑制办法,必须鉴别不正当的鼓励办法,并考虑采取各种途径,消除或尽量减少这种鼓励办法对生物多样性产生的消极影响。

要建立综合性的鼓励和抑制制度并消除不正当的鼓励办法,就需要更好地用数量来表明生物多样性的价值:生物多样性直接价值(消费和生产性用途的价值)和间接价值(非消费性用途、选择和存在的价值)总数。目标应是确定在保护区内外多次直接和间接利用生物多样性组成部分所获得的最大好处。这将会为决策者提供他们所需的更多资料,以确定特殊政策选择的实际成本和惠益。

第11条确认各缔约国的特有环境有可能导致制定各种混合的鼓励和抑制措施。但是,得到最成功运用的措施将是那些在不同的政策、各级管理和各级行动基础上制定的措施,这类措施承认鼓励和抑制机制不是保护法和其他传统管理技术的备选办法,而是支持和补充这些技术的手段。

制定国家生物多样性策略[见专栏8和第6(a)条],确认使生物多样性遭受损失的直接原因[见第7(c)条],并将保护和持续利用纳入部门和跨部门计划[第6(b)条和第10(a)条],这一切将有助于缔约国查明不正当的鼓励办法和建立一种协调的鼓励和抑制机制的机会。取得成功的另外一些特征包括:

· 建立立法机制;
· 建立容易适应变化的情况的灵活制度;
· 监测该制度的效力,并酌情加以修订。

第12条　研究和培训

从广义上讲,研究是收集和应用知识。毫无疑问,现有知识和技术足可用于《生物多样性公约》需要采取的很多措施(WRI,IUCN and UNEP,1992)。在这些知识中存在着广泛的差距(UNEP,1993a)。最重大的差距可能存在于生物多样性、保护、持续利用和发展之间的界面上(WRI,IUCN and UNEP,1992)。如不充分了解这个非常复杂的领域,最终会妨碍人类有效保护生物多样性和获取其许多尚未利用的惠益的能力。

如果缺少训练有素的人员,就完全不能有效进行与生物多样性有关的研究,保护管理和其他活动。所有国家都存在人的能力不足的情况。但在发展中国家,经过培训的人员短缺的情况更为严重。

第 12 条重点强调的是研究和培训,因此该条直接涉及《生物多样性公约》,特别是第 7 条所规定的几乎每项义务。因此,第 12 条可被视为公约的基本内容之一。该条(a)款涉及人的能力培养问题(科学和技术培训)。(b)款侧重研究。(c)款提出进行国际合作,开展与生物多样性有关的研究。

考虑到发展中国家的特殊需要,缔约国应:

(a)在查明、保护和持续利用生物多样性及其组成部分的措施方面建立和维持科技教育和培训方案,并为该教育和培训提供资助以满足发展中国家的特殊需要;

缺少受过培训的人员,是限制所有国家实施有效保护和持续利用措施的主要压制因素。(a)款要求各缔约国建立和保持科技教育方案,以查明、保护和持续利用生物多样性及其组成部分。缔约国应对下面三类人员进行直接培训:专业人员、技术员和直接利用生物资源的人员,特别是地方社区、商业和工业界中的人(IUCN and UNEP,1980)。

生物多样性保护和持续利用涉及社会和生态过程的相互作用(IUCN and UNEP,1992)。因此,缔约国在自然科学和社会科学方面的专业能力都需要加强。此外迫切需要研究人员和管理人员,他们能够取得研究成果并将这些成果用于解决该领域的各种问题。

在自然科学方面需要以下人才:

- 分类学家;
- 应用生态学家;
- 生物技术专家;
- 保护生物学家;
- 就地和移地保护管理人员。

在社会科学方面需要以下人才:

- 人类学家;
- 环境经济学家;
- 环境律师;
- 地理学家;
- 政治学家;
- 社会学家。

需要有大学本科生和研究生一级水平的人员去建立和维持专业人员教育和培训方案。在技术一级水平上,极需要有人员去从事生物多样性实验室和野外活动。许多需要得到满足的几个实例包括:

- 农业、林业和渔业方面的野外推广官员;
- 环境影响评估专家;
- 计算机和数据库管理专家;
- 保护区管理人员;
- 分类学领域的助教;

- 生物技术实验室和移地保护设施的技术人员。

这一级的方案可将正规培训与实践为主的在职培训十分恰当地结合起来进行(IUCN and UNEP,1980)。

在使用人员一级上是地方社区、商业或工业界的人们,如农民、牧民、渔民、伐木工和矿工。进修服务可以极大地帮助这些人学习和实施生物多样性保护和可持续利用技术。在这一层次的计划需要仔细设计,以保证参与者了解对所提供的技术的需要、目的和预期结果(IUCN and WWF and UNEP,1980)。

为实施(a)款所采取的第一步是检查和评议现有的科技教育和培训方案。这可以作为制定国家生物多样性策略(见专栏8)过程的一部分来完成,并有助于查明缔约国现有制度中的需要。

发展中国家特别需要提高其培训能力。(a)款确认了这一点并要求缔约国支持发展中国家在教育和培训方面的特殊需要。这类支持可以采取多种形式,包括:

- 发达国家和发展中国家有相似研究重点的大学、动物园、植物园和水族馆之间的结成兄弟关系和人员交换;
- 有相似的栖息地、景观或管理问题的发达国家和发展中国家保护区之间的结成兄弟关系和人员交换;
- 组织和资助培训班;
- 建立专业和技术网络;
- 向发达国家或发展中国家的大学或培训中心提供奖学金;
- 提供培训材料或其他专业文献;
- 提供实验室和其他研究设备。

公约中其他有关科学和教育培训的条款有第13条(公共教育和认识)、第15条(6)款(与提供遗传资源的缔约国共同进行科学研究)、第16条(4)款(为私营部门技术的共同开发提供便利)、第17条(信息交流)、第18条(技术和科学合作)以及第19条(1)款(提供遗传资源的缔约国切实参与生物技术研究)。

(b)特别在发展中国家,除其他外,按照缔约国会议根据科学、技术和工艺咨询事务附属机构的建议做出决定,促进和鼓励有助于保护和持续利用生物多样性的研究;

(b)款要求缔约国促进和鼓励有助于生物多样性保护及对其组成部分持续利用的科学研究。重点在有助于发展中国家保护和持续利用的研究。

各缔约国国家的研究需要是不同的,但(b)款指出他们的研究重点会受到缔约国会议决策的影响(见第23条的讨论)。这是科学、技术和工艺咨询事务附属机构建议的结果(见第25条的讨论)。

在发达国家和发展中国家,迫切需要开展研究。财政和技术资源是主要的限制因素。由于没有认识到研究与管理是互补过程,二者的结合会使保护生物多样性和持续利用其组成部分的技术发挥更大效力,所以事情往往就变得复杂化了(Harmon,印刷中)。

自然科学与社会科学有三个广泛重叠的研究领域:

- 查明和监测生物多样性组成部分(见第7条);
- 查明和监测生态系统功能及人类与生态系统和物种之间的相互作用;
- 管理生物资源和影响它们的过程和活动(IUCN,WWF and UNEP,1980)。

为使有限的资源得到最有效的利用,缔约方应当考虑确定其国家生物多样性研究的优先重点。该过程的第一步包括进行一项生物多样性的国家研究(见专栏9)来收集现有的信息和查明不足并制定国家生物多样性策略(见专栏8)以确定其他的需要和能力。

由此就可以作出国家生物多样性研究和管理行动计划。这样一个计划将服务于:

- 确认研究和管理的需要;
- 排定研究和管理优先重点顺序;

· 制定实施重点的进程表；
· 为相关的专门管理行动研究提供框架；
· 建立在情况改变时重新评价和修改研究和管理需要的机制。

这实际上是为政府、科学界和国际援助提供者提供了一个参照点（IUCN，WWF and UNEP，1980）。为了保证与国家的研究和管理需要相一致，应当通过便于有关的公共和私人部门参与的过程来制定计划。

最后，应该认清像生物资源管理这样的研究最终要在特定的社会—政治环境下进行（IUCN，WWF and UNEP，1980）。因此，持续性的研究计划常常需要得到公众、政治领导人和生物资源管理者的支持。研究人员可以通过公共报道、举行公众展示等方式有效地向公众和政治领导人宣传研究目的及其结果的重要性以得到人们的认可。在管理圈内，还可以进一步通过使研究计划和结果符合生物资源管理者的需要来促成对研究的支持。

(c) 按照第 16、18 和 20 条的规定，提倡利用生物多样性科研进展，制定生物资源的保护和持续利用方法，并在这方面进行合作。

这一款要求缔约国在利用研究的进展来制定保护生物多样性和可持续性利用其组成部分的方法方面进行合作。第 16 条（技术的取得和转让）、第 18 条（科学和技术合作），以及第 20 条（资金）已有专门的描述。

(c) 款确认了将研究成果应用于实践活动的重要性。一方面这样做总是需要资金（所以参照第 20 条），另一方面也非常需要缔约国之间合作通过硬技术和软技术的转让、人力资源的开发和机构建设提高国家的能力。这就是本款提出参照第 16 条和第 18 条的原因。

合作可以采用多种形式，其中一些已在 (b) 款的注解中提到了。除了提供财政支持以外，缔约国还可以对合作研究计划、合资和信息交换给予便利。

第13条　公众教育和意识

公众对生物多样性的重要性缺乏意识,如生物多样性与日常生活的关系,使用生物多样性组成部分的惠益及丧失生物多样性的后果等,如果对生物多样性的保护和持续利用所作的努力要想成功的话,这是一个必须克服的主要障碍。确实,如果没有广大公众的理解与支持,任何保护生物多样性的努力都是不可能成功的。

正规与非正规教育相结合,能进一步使公众理解到生物多样性与日常生活各方面都紧密相关,可使公众认识到个人行为最终是怎样影响到生物多样性的枯竭。另外,有了公众更多的理解,就会有更多的公众去支持为实施保护生物多样性所需要采取的重要措施。

第13条反映了环境教育和意识这条广为接受的原则对保护自然资源是至关重要的。虽然第13条的标题是"公众教育和意识",但本条的精神实质是通过正规与非正规教育,进一步提高人类对生物多样性的理解。因此,对(a)款的评论讲的是正规与非正规教育方面的公众教育和意识。

缔约国应:

(a)促进和鼓励对保护生物多样性的重要性及所需要的措施的理解,并通过大众传播工具进行宣传和将这些题目列入教育大纲;

(a)段的目的是通过不同的媒体和教育课程,促进公众理解:
· 生物多样性及其重要意义;
· 保护生物多样性所需要的措施。

在完成这项义务中,每个缔约国可以有多种选择。然而,主要通过两大手段促进理解:即正规与非正规教育。其结果是,缔约国所采用的方法应该反映这两个相辅相成的机制。

一种作出实际选择,并且帮助把一个有效的行动路线制定成适应一个缔约国具体需要的途径是:将对正规与非正规公共教育的关注纳入制定国家生物多样性策略的进程中去,这就导致有一个生物多样性教育行动计划。这样的行动过程,不仅是一项极佳的增强公众意识的训练,还是一个找出现有环境教育计划的优缺点,以及发现有助于(a)款成功实施的文化、传统、宗教方面的价值、知识和实践做法的良好途径。

正规教育

正规教育是与教室联系在一起的。毫无疑问,需要发展大学一级的有关生物多样性的教育。事实上,第12条(研究和培训)论述了这种需要的某些方面,强调要把重点放在培养生物多样性专家上。然而,在中小学一级讲授的课程能够面向更多、处于接受能力最强年龄阶段的年青人。(WRI,IUCN and UNEP,1992)。

仅仅要求学生上生态课或生物课,可能不足以使他们正确了解生物多样性的诸多方面。因此,重要的第一步是评估全国中小学的课程设置,并且决定从课程何处引入与生物多样性有关的题目,这或许可以作为国家生物多样性策略的一部分来实施,或在缔约国全面环境教育策略或计划下贯彻实行。生物多样性介于各学科之间的特性意味着它可以被融进很多不同题目的课堂讨论之中,而不一定要为它专门开设一门课程。

"全球生物多样性策略"建议全国性的课程设置应该与教师,非政府组织,国家教育部、环境部共同制定,国家的课程应该有如下内容:
· 强调生物多样性对社会健康与福利的贡献;
· 强调生物多样性对生态的健康发展的贡献;
· 把生态、经济与社会这些主题联系在一起(WRI,INCN and UNEP,1992)。

"全球生物多样性策略"对这样全国性的课程给予了很多具体指导。它还强调使用当地制定的、与学生所处环境直接相关的课程来补充全国性课程。

除了在课程设置上的努力，各缔约国还应编写与保护及持续利用生物多样性相关的教材，建立适当的伙合关系，一起编写这些教材。最后，重点还应放在提高教师自身对生物多样性的认识上。

非正规教育

非正规教育是在教室以外进行的。非正规教育本身很重要，还能对正规教育起到有益的补充作用。实际上，因为非正规教育机制可能已在很多社区和家庭中存在，鼓励和促进这些非正规教育可能是一种提高生物多样性教育和认识水平的非常经济的途经。

因此，国家生物多样性策略的一个方面应该是确定非正规教育机制的地位，进一步促进鼓励非正规教育，应认识到非正规教育可以通过各种途径来进行：

- 文化、宗教活动；
- 口头传播；
- 作为当地社区对农业、保健、普及文化的辅助方案；
- 提高公众意识运动；
- 以公民为基础的保护工作计划；
- 与野生动物、自然、植物园俱乐部进行联系接触；
- 与环境组织进行联系；
- 在国家公园、动物园、植物园、水族馆举行的展览。

在一个特殊的社会中，非正规教育可以针对不同的部门或人群，例如，政府部门或私营部门，成人或儿童，甚至男人或妇女。合适的团组可包括：· 立法者和管理者；

- 包括工业、商业和贸易界在内的从事开发工作；
- 专业团体；
- 消费者；
- 依赖生物资源生存的当地社区。

非正规教育主要通过利用不同的大众媒体来取得效果。对各种现代传播媒介的使用，如无线电、电视、电影、报纸、书籍及广告可以使非正规教育立即传到人们的大脑。传统的媒介如庆典、民谣、口头传播和通俗艺术以及宗教组织也可能是特别有用的形式，不应该被忽视。

缔约国可以选择制定一个普通的非正规教育计划，或者根据心目中的一个具体目标制定一个比较专业化或部门化的信息活动。促进普通的非正规教育可能成为发展全国的生物多样性策略的一个部分，或者把一个具体的日子定为全国生物多样性日。生物多样性日的内容可以是提高公众对引进外来物种危险性的认识，对需要特别环境法的认识或者与一个自然保护区相邻的当地社区一同努力，提高对需要建立保护区的认识和理解(INCN，WWF and UNEP，1980)。

很多缔约国可能没有财力、技术力量和人力去制定、执行有效的非正规教育计划。因此，与私营部门发展伙伴关系，包括非政府组织(NGOs)，商业、动物园、植物园、水族馆、自然历史博物馆和图书馆，可能是达到具体特定目标的有效途径。

例如，动物园、植物园和水族馆具有与开展教育目的相一致的独特的设施以及特别适合这类教育的人群。一项统计显示了参观上述设施的潜在人数：每年约有 60 亿以上的人参观动物园(World Zoo Organization and UCN，1993))。NGOs 可以在具体的生物多样性问题上给予合作伙伴技术，以及提供与当地社区的联系。商业界可以给合作伙伴带来资助，使其获得做广告，搞公共关系及通讯的专门技术以及获得报纸、电视和无线电。

对某一具体计划或项目的成果评估对今后开展更多高效益低成本的活动是至关重要的。成功的非正规教育(和更多的正规教育方案)的一个基本特性可能是能够把关于生物多样性的信息传播给与生物多样性有关的人们，如果做得好的话，一定时间后，人们就会适应这种信息。实现上述这一切所使用的技术对每一个缔约国来说也许是不同的，因为不同的社会与它们所赖以生存的生物资源有着不同的关系。

（b）酌情与其他国家和国际组织合作制定关于保护和持续利用生物多样性的教育和公众意识方案。

　（b）款号召各缔约国与其他国家和国际组织合作，制定关于保护和持续利用生物多样性的教育和公众意识方案。在具体制定、合作中，每个缔约国应牢记自己的特点、条件与所处环境。因此，应该使合作方案承认和补充自己的特点、条件和所处环境。

　缔约国在与其他国家和国际组织的合作中可采用多种不同的方法，如可以双方共建国与国之间的计划来丰富教育课程，提供技术援助及交流经验，培训教师及学生。

　缔约国还可以吸取国际组织和 NGOs 的技术，如联合国科教文组织（UNESCO）和联合国环境署（UNEP）的国际环境保护教育计划（IEEP）。

第 14 条　影响评估和尽量减少不利影响

第 14 条涉及了 4 个不同的领域。1(a)和(b)款是关于对缔约国的拟议项目、计划和政策的环境影响的评估。1(c)和(d)款是关于越界范围的合作,特别是在通报、信息交流 磋商和紧急应变方面的合作。紧急应变计划,包括国际合作,在 1(e)款中作了说明。最后,第 2 款提及对生物多样性造成损害的责任问题。

1.每一缔约国应尽可能并酌情:

(a)采取适当程序,要求就其可能对生物多样性产生严重不利影响的拟议项目进行环境影响评估,以期避免或尽量减轻这种影响,并酌情允许公众参加此种程序;

第 1(a)款适用于所有缔约国。可能只要求那些目前尚未建立程序,要求就其可能对生物多样性产生严重不利影响的拟议项目进行环境影响评估(EIA)程序的缔约国,要求他们采取环境影响评估的程序。但是,那些已建立程序要求进行环境影响评估的缔约国应该重审自己的程序,确保考虑到对生物多样性产生的影响。在上述两种情况中,本段的最终目的都是要进行环境影响评估(EIA),以避免或尽量减轻对生物多样性的严重不利影响(见专栏 12)。

公约没有给“它的项目”一词下定义。“它的”是指缔约国自己,特别是政府。“项目”通常意指一些由一个缔约国所进行的某些互相无联系的活动,可能是一个开发计划的一部分,如建一个水坝、排干一块沼泽来造农田或修建一条公路。

当本段的范围明显适用于缔约国项目时,缔约国有广泛的处理权——无论项目是公营的,私营的,或者公私兼营的项目,要求环境影响评估(EIA)。

对私营项目,缔约国可建立不同阈值水平上的政府干预,作为要求环境影响评估的标准。例如,如果一个建筑项目在开始前需经政府批准的话,政府可以要求它有环境影响评估(Chandler,1993)。

具体项目的不同方面,例如,项目类型、规模、项目运行需要的自然资源,地点的选择、当地人口的迁移和重新安置,以及会产生何种类型的污染,将对项目所在地区以及周边地区会产生不同的直接与间接影响。考虑这些方面都符合现有的法规也是很重要的,特别是从最广义上跟生物多样性保护相关的法规。因此,在与生物多样性的关系上,应在事先确定环境影响评估(EIA)的三个目的:

- 项目的哪些方面可能在基因、物种、生态方面对生物多样性产生严重不利影响;
- 要避免和尽量减少不利影响,可采取什么步骤;
- 拟议项目是否符合现有的环境法规。

项目的选址对生物多样性尤为重要,它不像其他(如空气和水污染)可能尽量减少对环境影响,而地点一旦选定,如果不是不可能的话也将是很难实质性地减少该项目对生物多样性产生的直接影响。

避免某个特定具体地点是唯一能尽量减少对生物多样性直接不利影响的可靠途径。因此,环境影响评估的一个目标应该是查明在一个特定地区内的合用场地,然后,在考虑对生物多样性和其他环境影响后,选择一个将能消除或尽量减少不利影响的合适项目地点。

这明显说明,如果一开始对生物多样性的组成部分缺乏基本信息,就很难就一个项目对生物多样性产生的影响作出评估。与此有关的条款有:第 7 条(查明与监测),及第 12 条(b)(研究)和第 17 条(信息交流)。应该利用这些条款,增强缔约国收集有关环境影响评估程序信息的能力——无论是进行该国自己的环境影响评估还是检查其他缔约国评估的准确性。不管是进行还是检查环境影响评估,另一个必要的前提是有足够的技术。在公营部门和私营部门都需要训练有素的,能进行或检查环境影响评估的人[请见第 12 章(a)款(培训)]。

为了达到最佳效果,环境影响评估必须在项目设计进程早期进行,而且该与经济、工程一道,作为每个项目可行性研究的第三个组成部分。

环境影响评估作为一个有用的计划工具是不能忽视的,甚至在它可能对一个项目对生物多样产生不利影响作出量化评估有困难的时候。遇到这种情况，必须采取预防性措施。

第1(a)款强调在已建立的环境影响评估程序中公众参与的重要性。"公众参与"包括所有有关的政府机构，以及私营部门如公民、商业和非政府组织。

在全球范围内，现代潮流是：不仅在环境影响评估方面，而且在拟议项目的全面决策过程中有更广泛的公众参与。在那些建立了环境影响评估程序的国家中，公众参与的水平不尽相同。

把环境影响评估程序向其他具备特别的技术和关注的政府部门及私营部门开放，经常可使一个项目的环境影响的很多新情况更清楚。因此，不仅应在最后评论环境影响评估报告的阶段须有公众参与，还应在开始确立环境影响评估的范围和对环境影响评估报告草案（临时）评论的阶段也要有公众参与。在参与中，公营及私营部门的评估能力就会发展起来。

在大多数情况下，需要国家立法执行环境影响评估要求。

至少，应该明确建立：

- 什么项目要受到环境影响评估，如，不管是公营的还是私营的；
- 评估的程序，包括：在项目设计阶段的哪一段需要进行环境影响评估；
- 要求谁去进行环境影响评估，是项目的拟议人还是一个独立的组织；
- 谁来审查环境影响评估；
- 用来衡量对生物多样性产生严重不良影响的评估标准；
- 审查拟议项目是否符合现有的环境法规的要求；
- 对项目提出有无其他可行的选择方案，或者指出为什么拟议项目是优先的选择的要求，
- 提出选择方案，以避免或尽量减少不利影响的要求，
- 公众参加的形式与级别；
- 产生报告的形式；
- 环境影响评估结果对项目批准程序所产生的影响；
- 项目完成以后，评估该项目产生影响的程序。

因为在那些需要仔细考虑的项目中挑出一个优先领域（a priori）是困难的，所以可建立一个"两步"程序，包括：

- 对产生严重不利环境后果的可能性进行简短、非正式的预评估，
- 如果可能存在严重不利环境后果的话，进行一次更加全面完整的环境评估。（de klemm，1993b）。

一些国家为便利评估起见，建立了设想中有严重不利环境影响的项目类别及规模的一览表和可能受到一个项目威胁的特别重要或敏感地区的清单。但是这种依靠清单的程序需要包含一个可以提出未预料到的情况的机制。例如，甚至一个"很小"的项目可以严重影响生物多样性，比如，如果该项目威胁到一个对农业很重要的植物变种的最后还保留着的野生种群。

为鼓励政府依照颁布的环境评估程序行事，国家法规还应包括私营部门的行动权利与法定地位。

行动权利应基于法定程序和内容充实的理由，例如，私人方应该能够在法庭上按法定程序对未经环境影响评估而作出的决定提出反对。私人方还可以对一项环境影响评估的内容与得出的结论表示异议，虽然对主管的当局来说保持适度的处理权限是必要的。

（b）采取适当措施，以确保其可能对生物多样性产生严重不利影响的方案和政策的环境后果得到适当考虑；

第1(b)款只是把环境影响评估的概念基础扩大到所有的政府方案和政策上。本段补充了第10条（a）款（在国家决策过程中考虑到生物资源的保护和持续利用）和第6条（b）款（将生物多样性的保护和持续利用定入有关的部门或跨部门计划、方案和政策内）。第1条（b）款包括诸如贸易、税收、农业、渔业、环境、能源和交通在内的领域，任何对生物多样性产生严重不利影响的环境后果的方案或政策都确实包含在第1(b)款内了。因此，这是一个全新的义务，要求制定、执行政府方案和政策的方法

都要作相当的改变。(b)款明显地超越了(a)款对项目进行环境影响评估的要求;事实上,它填补了因用"项目"一词造成的任何间隙或模棱两可之处。对很多实施第1(b)款的缔约国来说,在环境的实践方面将需要有实质性的进展,因为几乎很少有缔约国对政府自己主持的项目单个进行环境影响评估的。但是一些国家,如加拿大、荷兰、美国已经开始朝这个方向起步,至少目前新方案和新政策都须经过环境评估。欧洲共同体也在制定它自己的办法。对各缔约国的挑战将是:确保对所有新的和现行方案、政策进行环境评估,以便对生物多样性可能产生严重不利影响的环境后果进行仔细考虑,并采取行动。

有效执行本款所提要求,需要各国立法确保在制定方案和政策时,充分考虑对生物多样性所产生的环境后果。

(c)在互惠基础上,就其管辖或控制范围内对其他国家或国家管辖范围以外地区生物多样性可能产生严重不利影响的活动促进通报、交流信息和磋商,其办法是为此鼓励酌情订立双边、区域或多边协议;

(d)如遇其管辖或控制下起源的危险即将或严重危及损害其他国家管辖的地区内或本国管辖地区范围以外的生物多样性的情况,应立即将此种危险或损害通知可能受影响的国家,并采取行动预防或尽量减轻这种危险或损害;

1(c)和(d)款涉及对保护生物多样化的在国境外的合作。当今有关在国境外的合作的条款是国际环境协议常见的一个特点。"在跨国界情况下的环境评估公约"(ESPOO,1991)是最近的并作了详细的说明。这一公约已有29个国家和欧洲经济共同体签字,但尚未实施。在越来越多的实例中,在国境外合作还是在一般(惯例)国际环境法下的一项义务。

1(c)款讲的是关于对具有潜在跨国界影响的活动进行通知、交换信息和磋商的程序上的义务。本条款指的是在缔约国管辖或控制范围内的活动,这意味着在国家领土内的一切活动,在沿海地区可到达其专属经济区或大陆架的海边界限,(大陆架的海边界限在大陆架200海里以外处),在国家注册登记过的船、飞机或安装的设施上的活动。这项义务的范围是:对其他国家或超出国家管辖范围以外(在公海)对生物多样性可能产生的影响[请见第4条(管辖范围),第5条(合作)和方框7的讨论]。

本款语气相当软弱,因为本段只要求缔约国"促进"通报、交流信息和协商;由于提及"鼓励酌情达成双边、地区或多边安排","促进"这一点得到了加强。通过鼓励"安排"来促进"在国境外的合作",这是一项严格程度远远不及其他国际性协议,甚至一般国际法的义务。

1(d)款涉及到紧急应变的具体情况。在缔约国管辖或控制范围内的行动似将产生或实际上已产生了在另一国管辖范围内或超过国家管辖范围的地区对生物多样性的危害时,缔约国应通知其他可能受到影响的国家,即使它们不是公约的缔约国。

(e)促进做出国家紧急应变安排,以处理大自然或其他原因引起将严重危及生物多样性的活动或事件,鼓励旨在补充这种国家努力的国际合作,并酌情在有关国家或区域经济一体化组织同意的情况下制定联合应急计划。

1(e)款是关于国家级和国际级的紧急应变计划,以处理即将严重危及生物多样性的紧急情况。本条没有直接要求准备应急计划,而是把义务的重点放在促进国家做出紧急应变安排和鼓励国际合作上。

专栏 12　何谓环境影响评估？

环境影响评估(EIA)是一个专门用来鉴定一个拟议项目对环境的影响,并规划适当的措施以减少或消除其不利影响的一个程序。环境从最广义上包括人类健康、财产和当地生活,以及对整个社会的影响在内,得到了考虑。

在许多要求 EIA 程序的管辖范围内,EIA 程序仅用于政府主办的项目。在某些管辖范围内,对政府部门的项目和私营的项目都要进行环境评估程序。须进行 EIA 的项目可包括,比如,建造一个水力发电水坝或一个工厂,灌溉一个大峡谷,开发一个港口,建立一个保护区或建造一片新房屋。EIA 报告提出了潜在的环境问题要点,并鉴别减少项目对环境不利影响的措施。

EIA 的全面目标是双重性的:

 · 为决策者提供拟议项目的环境效应信息,容许通知关于项目是否应该继续进行的决定;

 · 只要可能的时候,提出对环境影响有利的项目。

项目设计通常有五个阶段:(1)需要鉴别;(2)预可行性研究;(3)可行性研究;(4)评估;(5)批准。一般的趋势是在设计后期即在项目的主要纲领制定出来以后进行 EIA,这时,经常是在对项目重新进行设计耗资太大或让项目不再进行下去时。这不是 EIA 的初衷。EIA 很像大多数决策者所熟悉的经济分析或者工程可行性研究。EIA 是一种在环境方面与上述技术相同等的技术,它确保把对环境的考虑贯穿在项目设计与项目批准之中。因此,为了获取最大惠益,一般趋势是应在设计的尽早阶段开始进行 EIA,使 EIA 评估能在一开始就影响设计并鼓励考虑其他的设计方案。例如,过去,一个发电厂项目可能只寻求减少大坝所造成的环境损失;而今,由于在设计早期进行了 EIA,就可以用 EIA 来决定是否大坝是发电的最佳办法,是否其他对环境造成损失较小的方案可以得到,并切实可行。因此,应尽早开始进行 EIA,并使其影响设计的所有五个阶段。

不少的 EIA 报告增加了各种各样的建议,需要用制度上的权力和技术能力以及公众参与来确保建议得到充分采纳。还需要有一个反馈机制来确保缺陷得到纠正。最后,项目竣工后,应进行审计,以保证所有商定的条款得到充分实施,并为今后吸取教训。EIA 过程中的公众参与可以保证上述问题的诸多方面的执行。

在发展中国家(加拿大、美国也同样如此),采用 EIA 对单个开发项目可能产生的危害进行评估。但是,在经常缺乏有效计划制度的情况下,EIA 承担了更为重要的作用,它被视为一个策略计划工具,有时被称作策略环境评估(SEA)。

在大多数情况下 EIA 被用于项目,但还可以用来和使其帮助准备和评估开发计划和政策。例如,多种土地使用计划和部门投资计划,也可以将 EIA 改编成对拟议技术转让的评估 [见第 16 条(技术的取得和转让)]。

---

2. 缔约国会议应根据所作的研究,审查生物多样性所受损害的责任和补救问题,包括恢复和赔偿,除非这种责任纯属内部事物。

第 2 款讲的是责任和补救。因本款措辞较含糊,所以对本款的范围作出估计较为困难。像其他很多双边协议一样,本款把考虑"责任问题"推迟到以后的一个日期。[请见,如"关于长期跨国界空气污染的公约"(Geneva,1979);联合国大会的"海洋法"(Montego Bay,1982);"关于控制危险废物的跨国界转移及其处理的公约"(Basel,1989)。]

生物多样性公约在这方面甚至比其他公约更为胆小:它不但仅仅要求缔约国"审查"这个问题,而且还是在研究结束后才进行"审查"。因此,对一个地区"责任和补救,包括恢复和赔偿"的制度和谈判,只能在这两步过程完成之后才进行。

在本款结尾,"除非这种责任纯属内部事物"这句话不太清楚,此话的意图好像是局限在一个具体管辖范围,即没有跨国越界这个成分,排除责任或补救问题。

本款还泛泛谈到"责任和补救问题",这给关于是否本条款指的是国际法下的责任还是国内法规下的责任,还是两者兼而有之的推测留下很大余地。因本段的重点是在跨国界影响上,因跨国界责任和补救可能是同时涉及国际和国内法规的一件事,本款的意图可能是要求各国考虑制定关于责任和补救问题的国际、国内法律制度。

简言之,第 2 款可以被看成是要求缔约国在完成有关研究后,集体审查制定国际间和国内的跨国界责任和补救(包括恢复和赔偿)的法律制度。

第15条　遗传资源的取得

第15条是关于获取遗传资源的权利和义务以及取得之后的使用。在确认一个独立政府有权决定遗传资源的获取的同时,缔约国应努力创造条件,有助于其他缔约国取得用于有利于环境的遗传资源,并尽量减少有悖于本公约目标的限制。第15条的头两段在独立政府有权决定是否允许遗传资源被获取,和它们有义务帮助其他缔约国获取资源这两方面作了权衡、对比。

第15条中有两款还谈了从遗传资源的使用中产生惠益的返回问题。这些惠益包括基于所供遗传资源可能参加的科学研究(第15(6)条),公正、平等地分享研究开发成果和分享从使用遗传资源产生的商业及其他惠益[(第15条(7)款]。后面的条款更详细地阐述了具体惠益:(a)利用遗传资源取得和转让技术(第16条(3)款);(b)参加基于遗传资源的生物技术研究活动[第19(1)]条;和(c)优先取得从所提供的遗传资源用于生物技术用途所产生的成果和惠益[第19(2)条]。

　　1. 确认各国对其自然资源拥有的主权权利,可否取得遗传资源的决定权属于国家政府,并依照国家法律行使。

第1款肯定了有决定权的政府必须依照国家法律,决定可否获取遗传资源,并确认这种权威来自一个国家对其自然资源所拥有的主权权利。

遗传资源可以是含有遗传功能单位的植物、动物或微生物来源的材料(见第2条的定义)。从公约的上下文来看,遗传资源是由于需要或使作它们的遗传材料而不是用作生物资源的其他属性。例如,为伐木而进入森林或为打猎而进入森林均不在第15条之列。

"生物多样性公约"是第一个国际性文件,承认国家对其管辖范围内的遗传资源拥有主权权利和由此产生的调节、控制取得遗传资源的决定权。

在重申行使管辖范围内遗传资源的国家权利时,第15条并没有赋予国家对这些资源的财产权,即使"它们的"一词出现在本款中。"它们的"是用来指国家管辖范围内的自然资源的简略说法(见专栏7)。确实,在公约的正文中没有提到所有权问题。但这是由国家法律决定的。所有权特别与今后关于遗传资源的法规有关。

　　2. 每一缔约国应致力创造条件,便利其他缔约国取得遗传资源用于无害环境的用途,不对这种获取施加违背本公约目标的限制。

在行使决定可否获取遗传资源的主权权利时,缔约国应致力于便利其他缔约国获取。这表示缔约国应该相互给予照顾,这样做可能会激励其他国家加入公约。

然而,本条似乎仅仅适用于无害环境用途的自然资源的取得。由什么构成这种无害用途便由提供遗传资源的缔约国自行斟酌决定。

缔约国还不应对获取遗传资源施加限制,施加限制是违背公约目的的。(见第1条)。对遗传资源的取得不加限制,有时指自由或不受阻碍地交换,至少对植物遗传资源来说,一直是个流行的观念。这种观念产生于国际上普遍接受的一个原则:遗传资源是全人类的遗产,任何人,不论为何种目的,都可以得到遗传资源。上述这两个观念在1983"对植物遗传资源的国际承诺"第1条中得到明确认可,上面提到的是一个非约束性文件,很多国家都签了字(见专栏13)。

自从"承诺"首次制定以来,各国政府多年来一直试图对植物遗传资源"不加限止地获取"作出定义。有三个因素使其定义复杂化:

　　·"承诺"对植物遗传资源的广泛定义把植物遗传资源的范畴扩大到自然的和人工培育的植物品种以及由培育者开发出来的特殊遗传品种;

　　· 知识产权(如植物培育者对植物品种和遗传材料(如分离出的基因)所拥有的权利和专利权

(见专栏 15)),可以限制他人使用种质;

· 国家不断增加控制以限制对国家管辖范围内就地或移地条件下的植物种质的实际获取。

后来产生的"承诺"附件谈到一些与获取有关的问题的某些方面。因此,此处重点提出是具有指导意义的。附件指出,"承诺"对不加限制获取的原定目标已随着时间推移而逐步缩小。签字国承认"获取植物遗传资源的条件"有待进一步明确(附件 3,3/91 号决议,1991)。"承诺"的附件现确认:

· 农民和育种者都有权决定可否让他人取得他们的培育品种和育种材料(附件 3,3/91 号决议,1991)。

· 植物育种者的权利与"承诺"不尽一致(附件 1,4/89 号决议,1989)。

· "承诺"的签字国只可以在植物遗传资源自由交换上施加尽可能小的限制,这对它履行国家和国际义务是必要的。(附件 1,4/89 号决议,1989)。

· "自由获取"不一定意指免费。它是在相互交换的基础上,或根据相互同意的条件进行的。(附件 1,4/89 号决议,1989)。

· 各国对其自己的植物遗传资源拥有主权权利(附件 3,3/91 号决议,1991)。

由什么构成了对获取植物遗传资源的限制的争论转移到"生物多样性公约"的谈判中去。自从"生物多样性公约"生效以来,现在的辩论是与公约的履行相关的。然而,在这个论坛上,辩论已扩大到所有遗传资源——植物、动物或微生物。

当人们认识到:今天没有一个国家在遗传资源方面是完全自给自足的,特别是农业上需要的植物遗传资源,不论其是就地的或移地来源的,解决遗传资源取得限制问题就具有更重大的意义。所有国家都是相互依靠的。因此,在所有国家之间保持自然资源的流动是必不可少的。

在履行第 2 段的过程中,缔约国应该检查自己目前对就地、移地遗传资源的政策和可行的现有法规。

缔约国可采取步骤,创造条件,便利获取和消除或尽量减少对违背公约目标的遗传资源的限制。步骤可包括:

· 制定对遗传资源获取问题的统一政策;

· 创立法规框架,统一解释遗传资源获取问题,建立该领域明确的权限,统一遗传资源获取的程序;

· 促进用于研究及非商业目的、诸如惯例和传统上的交换,这样无限制的遗传资源交换;

· 激发鼓励发明人或培育人限制把知识产权保护的范围扩大到包括由另一缔约国提供遗传材料所作的创新上,确保在那个国家,惯例上的或其他酌情使用不受阻拦。

指南对第 15 条第 4 款至第 7 款所作的评论进一步讨论了这一问题。

3. 为本公约的目的,本条以及第 16 和第 19 条所指缔约国提供的遗传资源仅限于这种资源原产国的缔约国或按照本公约取得该资源的缔约国所提供的遗传资源。

第 3 款给第 15 条、16 条和 19 条所包含的遗传资源下了定义,遗传资源仅限于:

(1)由资源原产地的缔约国提供的(见第 2 条的定义和讨论);

(2)由按照本公约取得遗传资源的缔约国所提供的。

只有这两类遗传资源,提供者在公约下才有享受惠益的资格。对第二类资源需作一些解释,因为第二类资源排除两种明显的情况:

· 在公约生效以前从遗传资源提供者处取得的资源;

· 在公约生效以后,从遗传资源原产国非法取得的资源。

专栏 13　为保护和利用植物遗传资源的 FAO 全球系统

"全球系统"于 1983 年由 FAO 建立的,旨在进行协调工作,主要是为食品和农产品,从分子、种群、物种和生态系统各个层次上保护和利用植物遗传资源。140 个国家加入了这个全球系统。该系统包括两个公共机构成份:植物遗传资源委员会(CPGR)和"关于植物遗传资源的国际承诺"。

CPGR 是一个植物遗传资源、技术、资金方面的捐献者和使用者的政府间论坛。123 个国家是其成员国。

"关于植物遗传资源的国际承诺"是一项非约束性协议,宗旨是保证对当前或将来具有重要经济意义的植物遗传资源的勘查、收集、保护、评估、使用、取得。"承诺"是根据"植物遗传资源是人类的遗产,应该不加限制地取得"这一原则制定的(第 1 条)。参加该协议的国家应该"在互换或相互达成的条款基础上,不加限制地"(第 5 条)让对方取得用于科学研究、植物繁殖或遗传资源保护目的的植物遗传资源材料。"承诺"的内容后来由三个附件加以限定说明,这三个附件承认:"承诺"与国家保护培育者权利的制度相一致(见专栏 15),认识到自由取得并不意味着免费(附件 1,1/89 决议,1989),农民权利的概念、(附件 2,5/89 号决议,1989),"承诺"与植物遗传资源主权相一致(附件 3,3/91 号决议,1991)和其他一些问题。为了履行"农民权利",后来也应参加国的要求,成立了"植物遗传资源国家基金会"(附件 3,3/91 号决议,1991)。已有 110 个国家参加了"承诺"协议。

为补充"承诺",通过 CPGR,已经或正在就三个领域的国际协议进行谈判。"植物种质收集与转让的国际行为准则"为收集和转让植物遗传资源,便利在平等基础上获取和促进资源的使用和开发提供了指南。1993 年 11 月 FAO 会议通过了这一行为规范。因为"植物生物技术国际行为准则"影响到"植物遗传资源的保护与利用",前者将在两个层次上运作。首先,它要促进利用生物技术来保护和持续使用植物遗传资源,其方法是最大限度地发挥生物技术的正面效应,尽量减少可能的负面效应。第二,它将提出生物安全和其他环境方面关注的问题,如由于生物技术产品产生的遗传流失和农业—生态混乱问题。最后,正在同很多国家和国际机构如国际农业研究顾问小组的国际农业研究中心进行谈判,旨在达成协议,把它们的移地植物遗传资源基地和正进行的收集置于 FAO 的领导之下,以担负起为国际社会谋利益的重任。

"全球系统"的技术成分包括一个"世界信息和预警系统",一个在 FAO 的领导和管辖之下的移地收集基地网络,和一个正在建设之中的就地保护区网。

FAO 的植物遗传资源基金会按照"承诺"中第 6 条的规定,在过渡性的基础上于 1988 年成立。捐助人——各国政府,NGOs 和个人,都能为支持植物遗传资源保护和使用向 FAO 基金会捐赠。

在"承诺"3/91 号(附件 Ⅲ,1991)决议中设想的"植物遗传资源国际基金会"将为植物遗传资源保护和利用计划提供资金,这一计划是通过"植物遗传资源全球行动计划"来说明的,这个"行动计划"是从一个拟定的阶段性报告:"世界植物遗传资源的状况"中发现信息而来的。国际基金会还将创立实施"农民权利"构想的方法。

农民的权利是:

权利产生于过去、现在和将来,农民在保护、改进和培育成合用的植物遗传资源中,特别是原产地中心/多样性中心所作的贡献。这些权利是国际社会赋予农民的。为了取得"国际承诺"的全面目标,为了保证农民得到充分的惠益,并支持他们贡献的持续性,国际社会是现在和将来世代农民的权利的托管人(附件 Ⅱ)。

续专栏 13 为保护和利用植物遗传资源的 FAO 全球系统

农民的权利的概念促进了种质资源供者和使用者之间的公平关系,依此,农民的可以分享由他们自己经过数代开发和保存下来的种质资源带来的利益。目前,农民的权利概念还难于履行,这主要是因为国际基金筹款性质尚待确定,此外国际基金的授权范围和收益分配亦未有定论。在正式生物多样性公约约定条文通过会议上采纳的内罗比最后法案决议 3 的一个条款,确认了在 FAO 全球体系内解决农民的权利争议的迫切性(见附录)。

作为对决议 3 的回应,CPGR 在 1993 年 4 月通过 CPGR 决议 1993/1(植物遗传资源国际承诺修正案),第 27 届 FAO 大会也于 1993 年 11 月通过了这一决议案,它建议在下列方面进行政府间谈判。

· 使生物多样性公约与"承诺"能协调起来。

· 考虑对由公约中未涉及的互相同意的原则下对移地保护的植物遗传资源的获得事项。

· 实现农民的权利。

CPGR 希望能够在预计于 1996 年召开的植物遗传资源第 4 届国际技术性会议上完成对"承诺"的修正,政府间密切合作下进行,如果各国政府这样决定了,"承诺"可以成为具法律约束力的工具,反过来,它又变成公约的议定书。

第一种情况反应出这样一条原则,即国家间的协议与任何合法的条例一样,一般不对过去的行动产生效力。第 3 节体现了这种"不可追溯性"原则。因此,在公约实施前获得的遗传资源排除在第 15、16 和 19 条之外。已有的在公约生效前建立的移地保护遗传资源的收藏属于此类。

缔约国对各方在公约生效前取得的遗传资源在过去和将来的利用,无权要求适用公约的第 15、16 和 19 条以分享利益。因而按照第 15 条(2)款缔约国没有义务对要求提供遗传资源者提供已有的遗传资源,对其利用所得收益无需与它方分享。

公约对缔约国已有的移地保存遗传资源收藏不能要求权利这一事实使得生物多样性公约条文通过大会采纳了内罗比最后法案(见附录)决议 3 中的条款。这一条款认识到在全球体系中在保护和利用植物遗传资源方面需要寻求各种适宜的各方的解决途径(见专栏 13)。

第二种情况涉及到公约生效后可能出现的一些情形。例如,某缔约国从另一缔约国获得遗传资源,例如开始时在法律上对方没有事先告知是同意的(而同意却是法律上所要求的,见第 15 条第 5 款),在此情况下,根据公约,某缔约国就没有法律根据的权利要求去分享,提供给第三个缔约国的遗传资源所获得的惠益。

第 3 节中有两个问题不容忽视。第 1,除去前 30 多个国家已经批准,接受,通过或加入该公约,在其他签约方国家公约生效的日期不同(见 36 条款生效)。这对于资源供者和用者(无论是其他国家或私人使用者)来讲,在规范公约条款特别是第 15、16 和 19 条的适用性上造成一定困难;

第 2,尽管公约已经生效,对于一个起源国或一个使用者来说,一种遗传资源在何时已经提供和在何时已经获得,公约并没有给出时间或法律上的定义。公约中条款 2 算是涉及到这些问题,它把提供遗传资源国家"定义为从现产地或移地保护地点供给遗传资源的国家。每一缔约国应在国家立法中澄清这一模糊之处,如设想在国家立法中确定某一表明遗传资源已经提供的具体时间,以此来区分使用者携遗传资源离开供应国和携物仍滞留在该国的时间分隔。

4. 取得经批准后,应按照共同商定的条件并遵照本条的规定进行。

第 4 款规定了获得(取得)遗传资源要按照共同商定的条件。实质上短语"共同商定的条件",是期望占有遗传资源的缔约国与希望得到遗传资源的另一方实体,如个人、公司、机构、团体或一个政府之间通过谈判达成某种共识。一次成功的谈判可以产生一个获得的协议。

获得协议对各缔约国重要的意义很可能不仅是准许获得遗传资源,并且成为同意返回以后利用这些遗传所获得收益。的确,撇开获得协议去谈判惠益分享或者在谈判获得协议后再次惠益分享证明都是困难的。

作为遗传资源的供者,缔约国可能需要建立一国家机构,去与其他政府或私人实体协调和执行各种获得协议。建立国家专门机构有 3 个有利之处。一是向潜在的使用者通告遗传资源获得的规则和规定;二是获得的判决可以精简掉以免延误;三是可以避免一些决定上的任意性。专门机构可以是一种实际的措施,一个缔约国可以保证获得遗传资源是方便的,是不受限制的[见 15 条(2)款]。

专门机构可以是一个政府机构,或是一个政府或是大学里相关的研究机构。也可以是私人签约者,独立的个人或非赢利组织,其中任一方均可代表政府扮演中介角色。决定专门机构的责任范围内的机制决定于它的组成形式。如果是一个政府组织,它的责任范围将由国家立法机关来确定,并且依据行政管理规章和政策指导来运作。而作为私人的签约者或是非赢利组织,其责任范围则由合同确定。

这一专门机构应被授权代表缔约国与它方就遗传资源获得的条件,包括返回的惠益进行谈判。它也可以规范遗传资源的使用和收集,预先支付使用费,占用费等经济回报和补偿,并且协助享用协议跟踪遗传资源的使用和收集支付潜在用户费用,使用费,其他财政偿还或其他补偿以及设法去执行获得的协议。此外,这一机构还可在对遗传资源的收集和特性确定方面发挥作用,以便了解其利用潜在用途、潜在价值,寻求潜在用户[见 7 条(a)和(b)款的讨论]。

同 15 条的其他几款一样,第 4 款并没有涉及遗传资源拥有者。一个政府对其管辖范围内的遗传资源拥有最高的权利。于是,无论国家或其他人拥有的政府有权决定获得遗传资源[见 15 条(1)款]。

如通过实施国家立法,政府可以确定对一个潜在用户获得遗传资源的使用条件[见条款 15(5)讨论]。但是法律必须明确区别开哪些遗传资源归其国家所拥有,哪些是归其他人所拥有。当这一资源不归国家所有时,会出现很多种情况,获得的立法应明确地指出用户需要与资源拥有者谈判出一个获得协议,以及是否须接受政府的复查或须与国家、其他资源拥有者签署三方协议。

5. 遗传资源的取得须经提供这种资源的缔约国事先知情同意,除非缔约国另有规定。

第 5 款规定了获得的条件是提供遗传资源的缔约国的事先知情同意(PIC)。PIC 这一概念仅用于另一公约,即“控制有害废物和它们的处理跨国界转运公约”(Basel,1989)和 Basel 公约相比,它要求知情同意的观点是保护进口国的环境以免损害,而本款所要求的知情同意的观点是要在从一个缔约国获得遗传资源和随后出口之前。

在此种情况下,事先知情同意可表述为:

(1) 提供遗传资源的缔约国同意(一种赞同的表示);

(2) 基于资源资源潜在用户提供的有关信息;

(3) 在准予同意获得之前。

从程序上讲,与用户间的双方协议,应首先得到供方的同意,并且经过供方提出的 PIC 程序内完成。

PIC 要求给一个缔约国有权力向潜在的遗传资源用户,这用户可以是另一个缔约国或者是一个私方的收集者或一个私方公司,不仅在获得他所管辖的遗传资源前要有权威性,并且要求潜在的用户概要的说明这些要获得的遗传资源以后将如何利用以及由谁来利用。有没有这种信息对供方决定是否或以什么条件来准予获得是非常重要的。

短语“该缔约国另有决定”表示给予 PIC 的要求只是给遗传资源供方的一种选择而不是一种义务。此语在法律上的重要含义即是:如果供方缔约国已经采取步骤在其法律系统内建立了必要的程序,一个用户仅仅被要求提交 PIC(Hendrickx et al,1993)。若缔约国供方还不具备这些条件,那么他将无力去控制用户获得其资源,除非用户自愿要求缔约国同意。这一短语还有一层含义,即是缔约国在决定什么情况下要用 PIC 是灵活的。例如,在供方所辖范围内 PIC 程序适用于所有遗传资源,或者是仅适用于遗传资源的某些特定类别[见 15 条(4)款讨论]。

为了充分达到 PIC 的要求,一国提供国单一的行动可能是不够的。遗传资源缔约国的供方和受方国家都通过国家立法是必要的。事实上,作为任何一个缔约国他可能是遗传资源的供方,也可能是使用者,因此在颁布的国家有关立法中,制定有本款的内容,应该说是把两种情况都涉及到了,并且使其不仅适用于国家间也同样适用于民间的交往。

作为供方缔约国的国家法规可以阐明对其资源获得的起码的或一般的条件,而一件一件的谈专门的条文如利益分享条文时,可以留下一些可变通的余地,依照国家法规中关于资源的一般要求,供方可以提出一个供方与他方谈判的一致,根据这些基础,谈判可以进行的尽量不拖拉并限制了任意作出决定。

国家法规可以包括:

- 适用范围,特别应指明:包括就地和移地遗传资源。无论是属于公众的还是属于私人性质的,以及是商业或非商业性质的用户都应该经过 PIC 程序。
- 关于决定获得所必需的信息,包括有关环境评价数据和今后对遗传资源利用的可行范围等信息。
- 是否需要支付获得费和采集或其他的许可证。
- 一般限制内容,它应包括对今后利用的限制,如限制采集,对第三方使用和转让的限制,和从环境角度合理利用的规范,对于最后一点,可以今后专门去处理。
- 是否需要用户定期地提交有关遗传资源进一步利用的报告,这种报告的形式及向哪方提供也应注明。
- 政府对于进行合作研究的政策,如知识产权,对遗传资源派生出的惠益分享,,还应明确政府得到惠益后对其的分配规则,即如何按照获得协议在一国的公共和民间实体间分配惠益。
- 出口限制,包括要求获得一份什么资源何时何地被采集的报告或清单,对于没有 PIC 的处罚以及在这种情形下今后获得的有关政策。
- 生物安全上的限制,以保证遗传资源的安全交换。
- 获得要求被拒绝后的上诉程序。

在立法上还应建立专门机构以协调和执行资源获得协议[见 15 条(4)款讨论]。

对遗传资源的获得进行立法应该牢记如下立法原则即力求简化程序以求便利和减少延误时间。这一点不仅在 15 条(2)款中已有所体现(对于遗传资源的利用提供便利),由于提供遗传资源具有弹性,如此规定更具实用价值。

作为遗传资源用户缔约国的国家立法,可以要求进口人说明其进口行为和对遗传资源的利用是按照提供资源的缔约国的 PIC 要求进行的,并且尊重供方国家的所有体系。进口控制措施,如进口许可制,可以与现有的习惯法和生物安全控制措施(例如植物卫生或检疫规则)统一起来。

进一步利用一词涵盖的范围非常广,它可以包括对遗传资源的占有、栽培、使用和进一步的转让。对其控制可以经过法律程序,通过给予知识财产保护,产品的认可和颁发许可证来实现。法律也可以要求用户向缔约国向供方定期报告对遗传资源的进一步利用。

最后,此系统的有效性将要求缔约国供方或他们的中介人能够利用遗传资源使用缔约国的法院系统也必须提供没有 PIC 情况下的进口及以后使用遗传资源的处罚和补救方法。

6. 每一缔约国实用其他缔约国提供的遗传资源从事开发和科学研究时,应力求这些缔约国充分参与,并与可能时在这些缔约国境内进行。

本款与 18 条(科技合作)相对应。目的是使遗传资源供方缔约国能够与参加到用方缔约国的对遗传资源进行的研究工作中去。条款 19(1)仅表述了参与生物技术研究这一个较狭窄的责任范围,而此款范围适用于所有基于缔约国一方提供和从事的遗传资源的所有一切科学研究工作。

　　如此规定,目的同 19 条(1)款一样,是使遗传资源的供方缔约国以此建立起开展科学研究的能力。如经过帮助供方获得科学知识和必要技能,有利于这种软技术的转移(见第 16 和 19 条的讨论)。合作研究无论是在哪一缔约国内进行,在促进研究到应用的过程中,与供方的关系更大一些。在遗传资源供方缔约国内开展的研究工作,可使更多当地的研究人员参与其或使供方得到一些(仪器设备方面的)硬技术。从理想化角度考虑,此款规定的责任范围将有助于所有缔约国在交换遗传资源的同时,发展提高科学研究的能力以更好地利用资源。对本款规定的贯彻落实意味着,要求使用遗传资源的缔约国采取步骤去实现,使政府有关研究部门与资源供方一起建立合作研究计划,共同开展遗传资源的研究工作,可能的话,在供方国内开展合作研究。一个先决条件是参与这些研究和行政事务的各有关机构线要有一个内部的评审,以确定是否能这样去做以及应采取何种合适的步骤。这些措施应把提供资金支持和条件限制结合起来,鼓励直接从事研究的政府部门和向私人研究组织、大学、公司、企业拨款的政府机构,设立适当的对遗传资源的缔约国供需双方均有益的合作研究项目。以上这些措施的类型可由提供遗传资源缔约国间接的表达出来。例如,在签定遗传资源获得协议时,阐明研究伙伴和知识产权的同时要求设立合作研究项目,开展合作研究。

　　7. 每一缔约国应按照第 16 和 19 条,并与必要时利用第 20 和 21 条设立的财政机制,酌情采取立法、行政或政策措施,以期与提供遗传资源的缔约国公平分享研究和开发此种资源的成果以及商业和其他方面利用此种资源所获得的利益。这种分享应按照共同商定的条件。

　　第 7 款要求缔约国无论是发达或是发展中国家,都应采取立法上、行政管理或政策上的措施,以期与提供遗传资源的缔约国,平等互利地分享惠益。可分享的惠益内容应包括:
　　· 研究和开发的成果;
　　· 从利用所提供的遗传资源得到的商业或其他惠益。
　　分享以相互允诺的协议条文为依据。
　　参照 16 和 19 条,本款提出潜在惠益应扩增包括:
　　· 使用遗传资源技术的获得和转让[16 条(3)款];
　　· 参加基于遗传资源开展的生物技术研究活动;
　　· 从对遗传资源通过生物技术利用而得到的成果优先使用权和其惠益[19 条(2)款]。
　　本款关注分享的大部分惠益是在民间部分。因此它强调缔约国,针对惠益分享制定措施,同时在共同协议中对具体的惠利益分享做出安排。应该提醒注意的是,在大多数情况下,提供遗传资源的缔约国为一方,而另一个私人实体,往往是一个商业企业为另一方,这两个之间对惠益分配问题必须要达成协议。

　　围绕着遗传资源的利用,可能出现的情形变化多样,因此对每一个提供资源的缔约国来讲,确实不能(也可能不明智地)事先确定分享的利益应包括什么,和采用什么样的方式以利于得到分享惠益。因为惠益分享是以完成共同商定条件为前提的。所以,要针对每一具体情形进行协商谈判。这种谈判最好与一个获得协议同时或作为协议的其中的一个部分来进行[15 条(4)款]。针对每一具体情况对惠益分享条件进行谈判,可使缔约国各方在一特殊情况下达成平等互利的协议。

　　如上所示,惠益分享可覆盖多项内容,即包括例如遗传资源使用费等等金融上的惠益,也涉及到利用遗传资源发展起来的关键技术的获得。遗传资源供方要求的权利和寻求使用的受方(政府机构或私人企业)能够接受的条件是联系在一起的,而在每一具体情况下又都是不同的。

　　遗传资源物质的现有价值影响到谈判的内容。其变化主要依据:(1)遗传资源的本质属性;和(2)预计以后各种使用的形式。以此考虑,如果遗传资源供方缔约国能够独立确定一个潜在的用户可如何使用其遗传资源,或者一个特殊遗传资源的价值,那么它在谈判中将处于有利地位。

　　供方通过发展对它管辖下的遗传资源特征的了解,它就会更好的懂得这些遗传资源今后潜在的用户,以及更有能力去讨论可能返回些什么[见 7 条(a)款的讨论(确定生物多样性的组分),7 条(d)款]通过鉴别和监测生物多样性组分,组织整理收集到的数据,12 条(研究和培训)和 17 条(信息交换)]。此外,对于遗传资源的潜在用户来说,事先需要提供其今后使用遗传资源有关的信息,特别关注的是有关商业上能否利用。

令人遗憾的是,在实践中,在许多具体情形下,在一次有关获得遗传资源谈判时,不可能获得任何与用户有关的信息,例如可能有这种情况,遗传资源倒是已经收集了,其最终产物也已决定了,可是用户可能有很多,但尚无一个是明朗的。

另一种复杂情况是遗传资源来自多个供方而形成某一特定的最终产品。这种情况在涉及常规植物育种的农业实践中表现明显,因为在大多数情况下,在一个新的植物品种中确定某一遗传资源在其中的作用比重是不可能的。相比之下,如果一个遗传资源被直接地用于某种药的衍生物或用于生物杀虫剂,那么就有可能量化此 一成分的作用,因为其最终产品是可以辨认的,并且其可以被分解成原来的组成成分。

以上所提各种困难既不可低估,也不应被夸大。在实际操作中,即使不能总是在事先具体确定如何对某些遗传资源进行使用,或者其作为最终产品的组分在商业上的价值,人们还是能够从中得到实在惠益分享。

技术转让,特别是处于合作研究和研究成果分享情况下的技术转让可以不必考虑下一步对遗传资源如何利用。资源供方可以要求受方在有关的出版物中明示谢意,或者事先按样品数量支付费用。即使是在谈判期间,对尚未成形的最终产品销售难以确定时,也可以根据净销售额的百分比要求支付最低资源使用费。

在谈判乃至最终达成协议期间,也应考虑在相当长的研究与发展期间,或者是在向第三方转让过程中,针对一些意料之外的最终产品,应用或其他偶然事件如何进行调节的问题。

为此,为缔约国供方随时提供所供遗传资源的现状信息是合理合法的,因而可以要求受方提供任何有关遗传资源使用现状的信息。同样,当最初用户方打算向第三方转让遗传资源时,在协议中可以在转让发生之前要求缔约国供方出 PIC。这样可使供方与第三方就共同商定条件进行谈判。

至少,缔约国各方应在作获得遗传资源谈判时对短期和长期(包括知识产权)资源使用中的潜在惠益、惠益如何分配以及谁拥有收集到的遗传资源材料等等都给出明确的定义。谈判各方应牢记,好的合作伙伴将成为好朋友,而且一个获得协议反映出一种双方良好愿望的确定关系。

最后,应该注意第 7 款也同公约的财政条款相联系(见 20 和 21 条讨论)。这种联系意味着如果需要,因分享研究和开展成果和其他惠益所产生的全部事先认可的增加费用,可以通过公约的财政机制来提供资金,如果缔约国大会决定这类的活动获得资助可能是适宜的话[见第 20 条(资金)]。

第 16 条　技术的取得和转让

第 16 条详细说明了各缔约国关于技术转让的的基本义务、向发展中国家转让技术的基础,以及为实施预期的转让所采取的措施。与第 19 条及关于资金的第 20 条和 21 条一样,第 16 条或许也是生物多样性公约中最有争议的一条。它反映了在技术转让问题的其他论坛上北—南之间多年的争论,对于一些至关重要的技术,也反映了涉及知识产权下属问题的争论。

这是一条复杂而又有歧义的条款,它模糊的内容反映出谈判期间的政治争斗及随后达成妥协方案的复杂性。循环地相互参照导致明显的分歧,这为不同的解释敞开了大门。于是,本条只能通过各缔约国经过长时间集体或单独地做出其各自的解释之后才能真正成形。因此,以下的说明必然是一般化的。

谈判初期,一些政府,主要是发达国家的政府,不希望该公约包括有关技术转让的任何条款,即不希望包括基于其他论坛上对此及有关问题的类似讨论所形成的技术转让条款。而同时,其他政府,主要是发展中国家的政府,认为技术转让应是公约的一项主要的内容,特别是应作为一项与遗传资源获取有关的对应条款。后一种见解具有普遍性,但在整个谈判期间,当本条范围和条目已确定时,技术转让问题仍有很大争议。发达国家特别担心的是,一些用语可能解释为要求他们以某种方式强迫他们的私营部门转让技术(包括生物技术)。保护知识产权是同样受关心的问题,尤其是因为基于 DNA 的许多受知识产权保护的生物技术,很容易在未经知识产权所有者允许的情况下进行仿制。

第 16 条必须与该公约其他条款结合起来看,因为国内的一些障碍,诸如缺乏科学上、体制上和行政管理上的能力,可能会阻碍某些缔约国引进和使用新的技术。因此,第 16 条的内容必须与第 12 条(研究和培训)、第 17 条(信息交流)、第 18 条(技术和科学合作)和第 19 条(生物技术的处理及其惠益的分配)一起论述和实施。

1. 每一缔约国认识到包括生物技术在内的技术,且缔约国之间技术的取得和转让均为实现本公约目标必不可少的要素,因此承诺遵照本条规定向其他缔约国提供和/或便利其取得并向其转让有关生物多样性保护和持续利用的技术或利用遗传资源而不对环境造成重大损害的技术。

第 1 款规定,每一缔约国的义务是要承担"向其他缔约国提供和/或便利其获取并向其转让":
- 与生物多样性保护有关的技术;
- 与持续利用其组成成分有关的技术;
- 应用遗传资源的技术。

这些技术必须不会对环境造成重大损害。

这项义务的措词有三方面的重要性。第一,该义务的范围限制在所列举的三类技术中。这三类覆盖了范围广泛的软、硬技术,包括像现代生物技术这样的高技术。

涉及到相关的技术,有两点必须要记住:首先,传统技术或土著使用的技术可能与促使实现公约目标的"现代"技术有同样价值。

包括硬技术和软技术的这些技术,不应仅由于它们不是"新的"、"现代的"或"科学的"技术而被低估。其次,许多相关和有用的技术已存在于公共领域(即不受知识产权的限制),这些技术可能不仅适用,而且能容易而廉价地转让到发展中国家。

该义务的第二个重要方面,是对提供或便利技术的获取和转让给予选择的余地。各缔约国得到一种选择机会,"便利"则表示各缔约国必须履行该项义务时承担的最起码的义务。

该款适用于每个缔约国,它不仅表明技术转让可能出现在各缔约国之间,而且表明便利技术获取和转让的最起码义务是所有缔约国,不论是技术的供方还是受方,义不容辞的责任。由于"提供"或"便利"均未在公约中定义,所以各缔约国都有很大的自由以最适合于其特殊情况的方式履行该义务。

比如,一国可将公开拥有的相关技术或公共范围的技术直接提供给其他缔约国。

便利技术的获取和转让有许多不同方式。首先,某缔约国可能需要评价现有政策和措施,以决定哪些是最有效的,然后酌情确定和实行必要的附加措施。

便利技术取得的措施可以包括:
- 通过税收和其他经济刺激(见第 11 条)鼓励供方缔约国出口和受方缔约国进口;
- 改革外国投资法规;
- 贸易援助;
- 扩大的知识产权保护;
- 合作研究和发展方案;
- 建立国家和区域的技术交易所机制;
- 专项资金;
- 代表另一缔约国购买知识产权。

该义务的第三个重要方面,是最终要在各缔约国之间转让的这些技术必须不对环境造成重大损害。这个要求类似于“环境上合理的技术”的概念,见 21 世纪议程第 34 条(环境上合理的技术转让、合作及能力培养)。

专栏 14　什么是技术转让?

根据联合国贸易发展会议(UNCTAD)的定义,技术转让是“为产品制造所使用的程序或提供服务维修方面系统的知识转让”(UNCTAD,1990)。技术在供方和受方之间流动,不论是在一个国家内部还是国家之间都是如此。比如,在一国内部,技术转让发生在公共部门和私营部门之间,或发生在私营部门内部。在国际上,技术转让是国际贸易的一种常见现象,出现在不同国家的私营部门之间,或公共部门之间,或是二者结合的场合。当技术在它所转让到的特定公共实体或某私营部门得到成功的应用时,技术转让即告完成。

技术有多种形式,但可归为两大类:软技术和硬技术。窍巧、技能和技术通称为软技术。这种技术被称为“软”技术,是因为它是作为信息被传递的,不必具有有形的形式。例如当地郎中的民族植物学或民族药物学知识、地方农村社区的保护技能、有关野生生物管理技能的培训班或向研究人员传授生物技术新技能的研究合作。

硬技术在另一方面,则是有形的产品。最明显的例子是设备或硬件,如计算机或生物处理工厂。较不明显的例子有农民培育的某一特殊植物品种的种子或是用遗传工程方法使之产生出特殊物质的一种遗传工程菌。如果没有某种形式的软技术转让相伴随,硬技术是很难成功地转让的。因而,硬技术和软技术的转让通常是相辅相成的过程。

高技术是先进的或前沿的硬技术或软技术。可以举一些例子,如某种遗传工程植物、生物修复的细节,或生物气体生成过程,或生物多样性信息管理系统必需的硬件和软件。

技术能够通过使用现代科学工程方法“正式地”得到开发,也可以“非正式地”被开发。后者的例子,如有某社区农民世代对不同的当地作物品种的开发;另一个例子是当地郎中在植物提取物的药性及使用方面的知识。

在国际环境协议方面,技术转让能激励各国签署一项协议,或当一些缔约国不具备必要的内在技术能力时,技术转让可能是协议履行的前提。技术转让一般被认为是从北方国家流向南方国家。但技术转让不是单向的。事实上,大多数技术转让是北—北之间,但技术却可能并确实是在南—北,以及南—南之间流动。

“不对环境造成重大损害”这个限制条件引出的两个重要问题是:
- 谁来决定一项特殊技术是否将造成对环境的重大损害,
- 如何评估该技术?

显然,提供技术的缔约国在这一点上负有特殊的责任。

接受技术的缔约国对决定某项技术是否会对环境造成重大损害负有同样的责任。然而,获得一项特定技术的能力将取决于接受方缔约国的:

· 对技术和应用该技术的环境的相关信息的获取[见第 17 条(信息交流)和第 19 条第 4 款(提供关于经过修饰的生物体方面规定的使用和安全条例的任何现有信息)的规定];

· 收集和评估相关信息的技术与管理能力[见第 12 条(研究和培训)和第 18 条(技术和科学合作)];

· 国家管制技术进口的立法。

必须谈到的另一个问题是,该评估是逐个案例还是在归类的基础上进行。对于一些诸如生物技术等快速发展的领域,评估准则的制定必须基于对如下情况的理解,即随着知识水平的提高,那些在当代被认为可能会造成重大环境损害的技术,在未来会成为可控制的或可管理的。而且,应当定期重新评价评估准则的适用性。

许多接受方缔约国可能面临着收集和评价相关技术信息的技术和管理能力有限的问题。因此,在一些情况下,某缔约国依靠私营部门的帮助和建议可能会对其有所帮助。通过建立一个技术转让咨询组,一些个人,比如科学家、商业团体和非政府组织,也许能与政府部门一起工作,对准备转让的技术的应用及其潜在的环境影响提出公正的意见。在难以确定准备转让的技术对环境的影响的情况下应当采取一种预防措施(见序言第 9 款)。

2. 以上第 1 款所指技术的取得和向发展中国家转让,应按公平和最有利条件提供或给予便利,包括共同商定时,按减让和优惠条件提供或给予便利,并于必要时按照第 20 和 21 条设立的财务机制。此种技术属于专利和其他知识产权的范围时,这种取得和转让所根据的条件应承认且符合知识产权的充分有效保护。本款的应用应符合以下第 3、4 和 5 款的规定。

第 2 款谈到向发展中国家转让技术。第一部分确立了一般义务,概括了技术转让的一般条款,包括与公约的财务机制的接轨。第二部分涉及属于知识产权保护范围的技术转让。第三部分使本条与本条后三款相互联系。技术获取和转让将按照公平和最有利的条件实施。公平和最有利的条件包括在相互同意的情况下给予减让和优惠。该公约并未确定这些条件的范围。然而,相同或类似的条款也可在联合国气候变化的框架公约(New York,1992)、消耗臭氧层物质议定书(Montreal,1987)中找到,《21 世纪议程》中也使用类似措辞。这些条件将受益于一致的"全面的"解释。

技术获取和转让是与公约的财务条款相连接的。这种联系很重要,其原因有两个:一是这清楚地表明,通过公约财务机制得到的资金可用于技术转让。二是这些资金能提供一种办法来克服与技术转让有关的法律和经济上的困难,如果这些技术是需要购买的,包括专利技术(即知识产权所涵盖的技术)。例如,他们可以使发展中国家能在其自己的资金无法承担的情况下获得专利技术,还可以通过补贴技术市场价值和优惠价格之间的差价的方式,获得所需要的优惠转让条件。

本款第二部分专门涉及向发展中国家实施属于知识产权范围的技术转让(见专栏 15)。技术转让应根据公认的、符合"充分和有效"的保护所转让技术的知识产权的条件提供。

"充分和有效保护"这个短语已被列入公约,以与最近完成的在关贸总协定(GATT)乌拉圭回合中谈判的知识产权贸易问题协议(TRIPs)建立起联系。但"充分和有效"短语既未在公约中,也未在知识产权协议中正式定义(见专栏 16)。

本款最后一部分规定其应用要与随后的三款(3、4、5 款)相一致。第 3 款谈到将使用遗传资源的技术转让到已提供遗传资源的缔约国。

第 4 款适用于私营部门的技术转让。第 5 款是对知识产权的合作问题的陈述。

专栏 15　与第 16 条密切相关的知识产权

知识产权(IPRs)是私人的合法权益,适用于人类用来产生一种特殊技术的无形的贡献。立法和判例法(case—law)设立法律权利,并确定其范围。其最基本的形式是,在知识产权生效期间,知识产权允许其所有者控制支配其他人对技术中包含的知识信息进行商业性应用。

实际上,所有者在规定期限对知识产权的商业性开发拥有法律上的支配权,从而对其技术也同样拥有法律支配权。因此,潜在的使用者在商业上应用该知识产权之前必须先征得其所有者的许可。这种许可根据许可协议通常是能够得到的,这样技术转让就达成了。

有许多类型的知识产权都与本公约有关。例如,版权被扩展到科学出版物、计算机软件及数据库。本资料只集中在特别关系到按照本公约进行技术转让的三种形式:专利、商业秘密和植物育种者权利。它们的所有人权利的范围各不相同。

专利

对于任何操作程序、机器或天然成分,只要具有新颖性、实用性,并含有发明的或不具显而易见步骤的,都可以被批准获得专利。发明者被赋予固定期限的个人支配权,以限制其他人重复、使用或出卖该发明。为了获取专利,必须要公布其要点。

国际上对专利的处理是通过世界知识产权组织(WIPO)管理的巴黎工业产权保护公约完成的。巴黎公约并未建立国际上可实施的专利权。相反地,专利保护仍然是国家立法和判例法的一种现象。因此,专利保护程度因国而异。比如,作为公共政策,许多国家不允许将生物机体作为专利。美国 1980 年首先批准把实用专利的保护扩展到生物机体。在这种情况下,其他欧共体国家就他们应当提供类似保护的问题引起了一场争论。除将专利扩展到生命类型这一道德问题外,还有一个问题是得到已取得专利的被修饰过的遗传物质变得困难了。

乌拉圭回合谈判在制定出作为关贸总协定(CATT)一部分的知识产权贸易问题(TRIPs)协议的谈判中,讨论了国际专利保护的条款、范围和实施问题(见方框 16)。知识产权贸易问题协议规定,关贸总协定成员国中专利保护的期限将不少于从提出专利申请入档日期开始的 20 年(33 条)。在适用于该协议覆盖的各类知识产权的一个独立部分,还特别规定了一般的实施义务(41 条)、行政管理措施及补偿办法(42—49 条)、临时措施(50 条)、与边境措施有关的特殊要求(51—60 条),以及违法的处置(61 条)。

在世界知识产权组织主持对专利法条约进行的专利协调谈判中也在讨论专利问题。

商业秘密

商业秘密用于保护那些因确实不符合专利标准而不能获得专利的内容,或由于该秘密所有者因担心商业对手将利用信息而对其产生不利,从而不希望公开发表其内容。一旦信息被公开揭示,所有者就不能再声称其有信息秘密,同时失去控制其他人利用该信息的能力。比如,随后申请专利和被批准做为一项专利的能力可能会受到信息公开披露的影响。

商业秘密可用于范围广泛的信息。比如,科学的信息或当地郎中的知识都能受到保护。根据材料转让协议,生物材料也能得到商业秘密法的保护。商业秘密保护一般仅防止已和诚实的商业行为背道而驰的方式收集、公开或使用信息与材料。与专利不同,商业秘密保护并不限制其他人以其他独立的方式(如用反转工程(reverse engineering)对某装置进行研究以求改进)开发或使用相同的信息。商业秘密保护的存在与实施在各国互不相同。在一些国家,未经许可公开及随之利用商业秘密会和不正当竞争法联系起来。

续专栏 15　与第 16 条密切相关的知识产权

商业秘密保护作为防止不公平竞争的一种措施,在巴黎公约第 10 乙条中得到国际公认。知识产权贸易问题协议(第 39 条)也要求各成员国保护商业秘密(协议中称为"未公开的信息")。

植物育种者权利

植物育种者权利(PBRs)在 1961 年签订的 1978 年修订(UPOV)国际植物新品种保护公约中得到国际公认,,希望成员国承认并保护新的、独特的、均一而稳定的植物品种在国际上的权利[第 6 条(1)]。与 1978 年的条文相比,1991 年通过但尚未生效的修正内容,在两个方面扩大育种者权利的范围。

第一个方面,植物育种者权利原来的最小范围使育种者有权排斥其他人对受保护品种的繁殖物质(如种子)进行商业性买卖的权利[第 5 条(1)]。其效果是绝对地建立起一种"农民特权"。这种特权允许购买受保护品种种子的农民保存种植这些种子而收获的种子以在来年继续使用而不必再向植物育种者支付附加费。1991 年的文本把植物育种者权利扩大到商业的或其他在理论上,取消农民特权[第 14 条(1)]。但 1991 年的文本允许国际植物新品种保护联盟成员国在其国内立法中限制植物育种者权利的范围,因而仍然承认农民特权[第 15 条(2)]。

第二个方面,1991 年文本内容像 1978 年的一样,承认育种者的或研究工作的例外情况[第 15 条(i)(iii)]。在研究的例外情况中,受保护的品种可以由其他育种者在未经事先批准的情况下被用作建立新的、可受保护品种的基础。因此,与专利保护的遗传物质不同,植物育种者权并不限制其他人获取植物品种的遗传物质去培育新的植物品种。因而国际植物新品种保护联盟公约有助于保证无约束地获取经改造的遗传物质。

然而,研究例外的范围在 1991 年的内容中由于主要来源品种(essential derivation)这一新概念的引进而受到限制。根据 1991 年的文本,当新品种与被保护品种关系极密切,因而事实上包含有被保护品种的全部基因时,源于受保护品种的新品种的应用要遵守最初的育种者权利[第 14 条(5)]。

主要来源品种概念的建立可以弥补因植物育种中应用遗传工程而可使育种者权利扩大这一漏洞,还可提高那些涉及到植物产品或植物转化的操作程序的某个专利所有人的育种者的地位。不合理的是,一方面,某品种的育种者竟会被那些仅给该品种加上一个有用的特性,并开发出最终新品种的人剥夺对其成果作出公正的重新评价的机会,而另一方面专利所有者有权拒绝育种者(或任何其他人)利用已获专利的产品或操作程序。而这个新概念将使育种者能够拒绝专利所有者(或任何其他人)开发转化了的品种,如果该品种是在主要来源品种的狭窄限制范围之内的话.对于应用或开发的批准将以许可证的方式给予,并支付许可证可能使用期限的费用。

专栏 16 关贸总协定和知识产权的贸易问题

初看起来,知识产权与国际贸易几乎毫不相关。但许多国家的经济有赖于技术贸易,而这种技术在许多情况下是受到知识产权保护的。知识产权的标准各国有所不同,并可能形成技术贸易的非关税壁垒。

70 年代关贸总协定(GATT)东京回合上,注意力一直集中于建立一个针对假冒产品的贸易法规,但未达成协议。1986 年,一些工业化国家游说将知识产权保护问题列入关贸总协定乌拉圭回合议程,因为该问题涉及到贸易。

许多发达国家和发展中国家对此持不同观点。发达国家认为,世界各国对知识产权保护的差异会以多种方式形成贸易壁垒,其中包括比如用仅相当于原始研究和开发所需费用的一小部分资金仿制已获专利的技术的方式。他们对专利的强调特别强烈。他们坚持认为,巴黎工业产权保护公约(1)未能提供可实施的符合国际议定原则的最小专利权,而只能保证国家内部处理的权利;(2)不要求特殊内容的保护;(3)允许过分自由的许可证交易,在一些特殊情况下,允许一项专利在未经所有者许可的情况下被使用。

大多数发展中国家是巴黎公约的成员国。有些国家仍然认为,知识产权阻碍了技术转让,因而也阻碍了发展。他们坚持认为,专利保护的程度应适合于一个国家经济和技术的发展,因此应从国家的角度来考虑决定。

在多次争论之后,以及认为世界知识产权组织是更合适的论坛的发展中国家提出许多反对理由之后,知识产权贸易问题被列入了乌拉圭回合议程。根据 1993 年末完成,1994 年初签字的知识产权贸易问题协议的序言,该协议的产生是由于对一些与知识产权相关领域的新原则和分支学科的需要,包括涉及知识产权可用性、范围与应用的适宜标准,以及有效的实施措施。

从道德和社会经济两重原因考虑,知识产权贸易问题谈判中更有争议的问题之一是把专利保护扩展到活生物体。根据知识产权贸易问题的最终协议,各成员国有权选择对应用遗传资源的所有符合条件的发明施以专利保护。强制性保护必将扩展到保护符合条件的微生物发明。植物品种的保护不仅必须由专利及一些其他有效的专门制度,如植物育种者权利(见方框 15)来保证,而且还应由两者的结合来保证。每一缔约国都有权选择拒绝接受对动植物及其生产的基本生物学程序的专利申请。

3. 每一缔约国应酌情采取立法、行政或政策措施,以期根据共同商定的条件向提供遗传资源的缔约国,特别是其中的发展中国家,提供利用这些遗传资源的技术和转让此种技术,其中包括受到专利和其他知识产权保护的技术,必要时通过第 20 条和第 21 条的规定,遵照国际法,以符合以下第 4 和 5 款规定的方式进行。

第 3 款论述利用遗传资源技术的特例。仔细阅读本款可清楚地看出其复杂性。特别值得提出的有三点。

第一,所建立的义务不需每一缔约国把使用遗传资源的技术真正转让给提供遗传资源的缔约国,而是说该项义务对每一缔约国来说,无论是对发达国家还是对发展中国家,是酌情采取步骤来提供给供给遗传资源的那些缔约国获得和被转让使用遗传资源的技术。

这种差别微妙而又重要。每一缔约国承担的义务不是完全彻底地转让使用遗传资源的技术。相反,只是建立一个允许实施技术转让的框架,在这种情况下,使用遗传资源的技术就转让给提供所用遗传资源的缔约国。

　　第二,该款承认每一缔约国都是遗传资源可能的提供者和使用者。每一缔约国作为遗传资源的一个供方,至少在理论上潜在地有权接受使用遗传资源的技术。然而,该款强调提供遗传资源的发展中国家各缔约国的特殊义务。

　　作为遗传资源的使用者,每一缔约国必须制定上述框架。所选择的满足该义务的措施由每一缔约国自行决定,但目标是对遗传资源的供方实行实际的技术转让。例如,某缔约国可以采取一些步骤要求其政府部门转让技术,或把该义务扩大到利用公共资金发展某种特殊技术的任何人。缔约国也可购买私营部门开发的技术,并将其直接给提供了他所依赖的提供遗传资源的缔约国。也可以提供一些刺激手段鼓励私营部门直接转让技术。

　　第三,即最后一点,再次重申必要时公约的财务机制可用来便于缔约国之间实际的技术转让。

　　根据本条和其他各条,该框架受到四种重要方式的限制。首先,第15条(3)谈到"由一缔约国提供的"遗传资源仅限于原产地的缔约国或按照本公约取得该资源的缔约国所提供的遗传资源。这项限制的后果在第15条(3)款的评述中有所阐明。

　　另一限制是达成共同商定的条件。"共同商定的条件"的有关内容也用在公约其他条款中,如第15条(4)款,这个内容暗含着遗传资源的使用方与供方之间的谈判。在此情况下,它被用于这一款,似乎所需要的措施必须提供一个基础,以达成共同商定的条款。因此,作为遗传资源使用者,缔约国可以要求其机构寻求共同商定的条款作为取得遗传资源的协议的一部分。类似地,也可以同样方式限制用于开发技术的公共资金。

　　第三个限制条件论述技术的取得和转让必须符合国际法的规定。其中应包括适用于知识产权的国际法。

　　最后,第3款的应用必须符合第4、5款的规定。

　　4. 每一缔约国应酌情采取立法、行政或政策措施,以期私营部门为第1款所指技术的取得、共同开发和转让提供便利,以惠益于发展中国家的政府机构和私营部门,并在这方面遵守以上第1、2和3款规定的义务。

　　第4款要求每一缔约国采取措施,鼓励其私营部门为发展中国家的政府和私营部门的技术获取、转让和共同开发提供便利。第1款提到的技术是:(1)与生物多样性保护有关的技术;(2)与生物多样性各个组成部分的持续使用有关的技术;(3)利用遗传资源的技术。

　　大量利害攸关的技术为发达国家的私营部门所拥有。这些国家自然极不愿接受发展中国家建立一种会要求私营部门向潜在的竞争对手转让技术机制的呼吁。这样的建议实际上被认为是与自由市场经济的基础背道而驰。

　　所达成的折衷方案,中心是向提供遗传资源的发展中国家政府机构和私营部门为私有技术的取得、共同开发和转让提供便利。这意味着鼓励(而非强迫)私营部门和发展中国家共同开发并转让技术。而且由于各缔约国都将采取措施,要求遗传资源的使用者和提供者都采取这样的行动。对于每个缔约国来说,便于取得技术的一个首要而简单的方式可能就是安排促进各方所需技术的信息交流,以弄清哪一个缔约国需要什么样的技术(见第17条信息交流)。激励也能便于技术获取(见第11条的讨论)。

　　第4款中提到本条1至3款。这表示这几款的义务也覆盖本款。

　　5. 缔约国认识到专利和其他知识产权可能影响到本公约的实施,因而应在这方面遵照国家立法和国际法进行合作,以确保此种权利有助于而不违反本公约的目标。

　　第5款有三个基本主题。第一是各缔约国均认识到知识产权能对实现公约的目标产生正面或负面的影响。即使正文是以序言方式来起草的,是事实的陈述,而不是结论性的。由于使用"可能"一词,说明每一缔约国并未就知识产权对技术转让的正面或负面影响得出结论。其含义是未来要进行进一步的对话。第二点是责成各缔约国合作,以确保知识产权不影响该公约的目标。第三个主题反过来与第二个主题有关,名为合作,但它不仅在遵守现行的国际法方面,而且在遵守国家立法方面受到很大限制。

专栏 17　关于专利和技术转让的争论

　　从历史上来说,发展中国家一直认为,强有力的专利保护会妨碍技术转让,特别是因为受保护的技术会更加昂贵,其应用会受到各种条件的限制。而这又会影响到其经济发展。相反,工业化国家认为,强有力的知识产权保护对于鼓励向发展中国家转让技术和建立对当地创新的激励机制是必要的。

　　这场争论持续了近 30 年,早在 1964 年就开始了,当时联合国第一次开始正式讨论这个问题。联合国初期的考虑导致了 1974 年 12 月联合国大会正式通过关于建立国际经济新秩序的宣言。关于建立国际经济新秩序的行动计划也在同时被通过。这个中心论题是要改革控制技术转让的国际体制。巴黎保护工业产权公约中包括的国际知识产权体制可能被改革。进而,技术转让的行为法规将在联合国贸发会议的主持下被制定。关于建立行为法规的工作开始于 1977 年,但迄今尚未完成。

　　这场争论正在随时间的推移而减弱,因为许多发展中国家,特别是拉美和东亚国家,一直在强化专利保护和对其他形式知识产权的保护。其中一些变化部分地来自工业化国家对发展中国家施加的日益增大的压力。朝向更以市场为基础的经济发展的总趋势和为外资及技术转让提供更有吸引力的条件也影响着这种变化。最后,许多发展中国家为国际市场提供有价值的新技术的能力日益提高,对这种变化也起着作用。

第 17 条　　信息交流

　　全球性问题要求世界各国的共同行动。共同行动的核心是需要各国互相通报其国内的环境状况，以及他们采取的解决所面临的环境问题的措施。经适当回顾、修改和应用，某一国在特定情况下的经验可能对其他国家找到解决类似问题的方法有非常宝贵的价值。然而，关于环境问题及其解决方法的知识和经验在全球很不平衡，传播得也很差。特别是在发达国家和发展中国家之间存在着信息交流的鸿沟，必须架起一座桥梁。因此，有关信息交流的条款已成为国际环境及保护协议标准的附加条款。

　　生物多样性保护及其组成部分的持续利用是全球问题，需要各缔约国以各种方式相互合作，便于各国采取行动。合作的一个方面就是各缔约国间的信息交流。

　　第 17 条是一个普遍性条款，可以单独行文，或可以被认为是与其他公约条款相衔接，特别是第 7 条（查明与监测）、第 12 条（研究和培训）及第 16 条（技术的取得和转让）。第 1 款给出了有关便于生物多样性保护及其持续利用的信息交流的义务。第 2 款有一个非专一的清单，规定可交流的信息类型。

　　　1. 缔约国应便利有关生物多样性保护和持续利用的一切公众可得信息的交流，要兼顾到发展中
　　　　 国家的特殊需要。

　　第 1 款要求各缔约国应便利信息的交流。"便利"一词的含义是期望各缔约国排除可能妨碍信息交流的障碍。

　　便利信息的交流可以用两点来衡量。首先，信息必须是"有关生物多样性保护及其持续利用"。其次，第 17 条仅适用于公众可得到的信息源的信息。其中不包括缔约国的公共或私营部门所取得的保密信息，如商业秘密（见专栏 15）。

　　该款需要使发展中国家的"特殊需要"得到考虑。这个要求特别强调发展中国家需要获得有助于他们达到公约目标的信息。"特殊需要"一词甚至可以理解为要对发展中国家给予优待。

　　可以通过多种方式促进信息交流，包括通讯、研究成果报告、会议及联机电子数据通信的科学交流。也可以建立或维持国家的、地区的和全球的信息交易所——协调信息源与潜在用户的机构。可以建立全国信息交易所作为生物多样性信息和监测中心［见第 7 条（d）的讨论和第 18 条（3）］。

　　促进信息交流的另一方面是保证可利用信息以便于使用的格式来提供。信息交流也可以通过提高缔约国在收集、提供及最终应用生物多样性保护及其组成部分持续利用信息的能力。这反过来又意味着培训人员和提供装备。

　　　2. 此种信息交流应包括交流技术、科学和社会经济研究成果及培训和调查方案的信息、专门知
　　　　 识、当地和传统知识本身及连同第 16 条第 1 款中所指的技术。可行时也应包括信息的归还。

　　第二款列出了信息交流应包括什么。他再次强调指出关于生物多样性保护及其组成部分持续利用的信息非常广泛，并可能有多种形式。本款特别认识到与根据第 16 条第 1 款转让的技术的有关信息交流的必要性。这通常包括可操作的信息，也许还包括评估技术的适合性或评估技术对环境影响的信息。

　　所交流的信息不限于来自发达国家，每个国家都有关于生物资源保护及其持续利用的潜在有用的信息。所以，各缔约国都应与其他缔约国交流这类信息。

　　第 2 款还规定，信息交流应酌情包括"信息的归还"。关于发展中国家物种和生态系统的很多原始独特信息由发达国家的博物馆和其他研究机构所掌握，而这种信息往往是这些标本的原产国很难获得的。第 2 款鼓励这些信息的持有者，大多在发达国家，采取措施保证所掌握的信息与原出产国共享。"共享"常常被称为"返回"或"归还"。这是当务之急，因为尽管需要增长的时候，发达国家对这庞大资料收藏的预算却在缩减。

第 18 条　技术和科学合作

1. 缔约国应促进生物多样性保护和持久使用领域的国际科技合作，必要时可通过适当的国际机构和国家机构来开展这种合作。

第 18 条要求缔约国促进国际科技合作。期望科技合作要在生物多样性保护及其组成部分持续利用的各个方面展开。必要时可通过国际机构和国家机构开展这种合作。

2. 每一缔约国应促进与其他缔约国尤其是发展中国家的科技合作，以执行本公约，办法之中包括制定和执行国家政策。促进此种合作时应特别注意通过人力资源开发和机构建设以发展和加强国家能力。

第 2 款规定了一项义务，即强调各缔约国执行本公约时有促进与其他缔约国科技合作的义务。合作应通过国家政策的制定和执行来实施。

发展和加强缔约国的国家能力在很多情况下可能要借鉴其他国家包括发达国家和发展中国家的科学技术知识。在人力资源开发和机构建设方面，国家的能力应受到特别的重视。

每一缔约国应促进与其他缔约国的合作，但发展中国家与其他国家之间特别需要合作。因此，本款特别强调发展中国家。

3. 约国会议应在第 1 次会议上确定如何设立交换所机制以促进并便利科技合作。

第 3 款指出交易所机制可能有助于促进并便利缔约国之间的科技合作。例如，这样一种机构能使不同缔约国的研究人员为共同的研究兴趣"协调"起来，或使有特殊问题、需要或需求的缔约国与能提供帮助的另一缔约国相协调。缔约国会议受到特别委托在其第 1 次会议上决定如何建立这样一个交易所。

4. 缔约国为实现本公约的目标，应按照国家立法和政策，鼓励并制定各种合作方法以开发和使用各种技术，包括当地技术和传统技术在内。为此目的，缔约国还应促进关于人员培训和专家交流的合作。

技术合作的特例在第 4 款中介绍。技术合作是较大的过程，技术的获取和转让就发生在此过程中（见第 16 条的讨论）。根据《21 世纪议程》第 34 章第 4 节，技术合作需要技术提供者和用户之间反复的"共同努力"，以保证技术转让成功。因此，从根本上来说，技术合作是各缔约国及其私营部门之间技术合伙人的创造。

第 4 款要求通过国家立法和政府政策鼓励并制定技术合作以开发和使用有助于实现公约目标的各种技术（见第 1 条的讨论）。技术合作适用于所有技术，包括土著技术和传统技术在内。像第 2 款一样，能力培养同样得到强调。

本义务是对第 8 条 j（促进更广泛地应用土著和地方社区的知识、发明和实践），第 12 条（研究和培训），第 16 条（技术的获得和转让），第 17 条（信息交流）和第 19 条（生物技术的处理及其惠益的分配）中更概括的补充义务。

5. 缔约国应经共同协议促进设立联合研究方案和联合企业，以开发与本公约目标有关的技术。

第 5 款在第 4 款的基础上提出促进技术合作的一个特殊方面：缔约国之间的联合研究方案和联

合技术开发企业。联合研究和技术开发能够使参与者的力量联合起来,并提高弥补各自弱点的能力。根据第 16 条第 1 款,这些技术包括保护生物多样性的技术、生物多样性组成部分持续利用的技术,或利用遗传资源的技术。本款所规定的义务与第 12 条(c)(促进利用生物多样性科研进展并在这方面合作)、第 15 条(6)(从事开发和科学研究要有提供遗传资源的缔约国的充分参与),以及第 19 条(1)(与提供遗传资源的缔约国联合参加生物技术研究)中所列更具体的义务并列的。

第 19 条　生物技术的处理及其惠益的分配

第 19 条是最难谈判的条款之一。和其他条款一样,其完整的含义除了成员大会所采取的共同行动以外,主要是通过缔约国各自的行动发展。本条提出了有关生物多样性保护及其组成部分持续利用的生物技术的三个方面。第 1 款涉及缔约国利用他所提供的遗传资源参与生物技术研究活动。第 2 款谈到缔约国可以获得应用其提供的遗传资源的生物技术所产生的成果和惠益。第 3、4 款分别要求缔约国要 (1) 考虑到对于改变的活生物体安全转让、处理和使用的有关问题草案的需要;(2) 为提供给缔约国有关改变的活生物体的管理和影响的信息的双边条约奠定基础。

> 1. 每一缔约国应酌情采取立法、行政和政策措施,让提供遗传资源用于生物技术研究的缔约国,特别是其中的发展中国家,切实参与此种研究活动;可行时,研究活动宜在这些缔约国中进行。

第 1 款列出与其他条款类似的要求,其中有第 15 条 (6) 款 (每一缔约国使用其他缔约国提供的遗传资源从事开发和进行科学研究时,应力求这些缔约国充分参与,并于可能时在这些缔约国境内进行),第 16 条 (3) 款 (使用某缔约国提供的遗传资源的技术取得和转让),以及第 18 条 (2) 款 (加强国家科学技术能力方面的合作)。

第 1 款意在通过那些提供遗传资源的缔约国,特别是发展中国家的参与,提高生物技术研究的能力。参与研究代表着软技术转让。

本款规定的义务虽然仅限于生物技术研究,但比第 15 条 (6) 款更强硬、更集中,第 15 条 (6) 款中,缔约国仅必须"努力开发和进行以遗传资源为基础的科学研究",而这里,要求缔约国需建立法律、行政和政策框架,以此来实现"有效的参与"。"有效"一词强调达到实质性参与的必要性,例如联合或合作性的工作,研究人员共同建立目标,取得各方共同受益的成果。

像第 15 条 (6) 款一样,本款认识到,当可能时生物技术研究应在提供者缔约国境内进行。这能帮助一缔约国建立起比该国研究人员仅参加在另一缔约国的联合研究更为强大的国内技术和工艺能力。比如,这可能涉及大量的当地研究人员,还可能导致用于此项研究的硬技术转让。另外,当研究完成时,不仅人员得到技术培训,而且硬技术也可能留在实验室中用于未来遗传资源相关的研究。最终还能使该缔约国更好地使用其遗传资源来解决当地的问题,能使其独立开发出产品投放到当地、地区和全球市场。

本公约没有明确声明所建立的框架必须扩展到私营部门。保证本款目标得以实现的适当方式由各缔约国酌情决定。然而,国家为便利私营部门参与所采取的措施与本公约的精神完全一致,应当得到提倡。通过给私营部门激励可以实现这一点(见第 11 条)。此外,如果用公共资金资助遗传资源的生物技术研究,那么,给予研究经费的条件限制也许是鼓励私营部门——研究机构、大学和公司有效参与研究的最佳方式,而不论是在缔约国提供者的境内或境外。

最后,提供遗传资源的缔约国在遗传资源获取协议的谈判中应当考虑到这个问题[见第 15 条 (7) 款的讨论],并以此促进有效地参与研究。

两个重要的衡量标准是:该义务仅适用于 (1) 原产国提供的或根据该公约获得的遗传资源,(2) 用于生物技术研究的遗传资源。

第 1 项衡量标准在第 15 条 (3) 款中有所规定。其中最重要的结果是第 1 款对该公约生效前所获得的遗传资源的不适用性[见第 15 条 (3) 款的讨论]。

关于生物技术研究的第 2 项衡量标准有两点说明。第一,只有那些实际用于生物技术研究的遗传资源属于此范畴。因此,本款把提供的特定遗传资源与用其所进行的专门研究紧密地联系起来。第二,所提供的遗传资源未必要立即用于生物技术研究。因此当遗传资源将要使用时,必须要有通讯渠道通知供方缔约国,保证参与的实现。因而,一份遗传资源取得协议应包括研究开始之前需要事先通知的条款。缔约国会议也许应当讲清这几点,以便作出一致的而非各自的解释。

> 2. 每一缔约国应采取一切可行措施,以赞助促进那些提供遗传资源的缔约国,特别是其中的发展中国家,在公平的基础上优先取得基于其提供遗传资源的生物技术所产生成果和惠益。此种取得应按共同商定的条件进行。

本款默认遗传资源具有使供方缔约国有权得到回报的意义,所得到的回报必须是

· 被特惠提供的;
· 公平的;
· 共同商定的。

惠益的权利建立在平等的原则基础之上。对价值的承认、惠益的保证和共同商定条件的要求同第 15 条(7)款和第 16 条(3)款。

"成果和惠益"短语在公约中未予定义。不过,其含义可根据通常的用法来推断。"成果"是用遗传资源进行生物技术研究的最终产品,可以包括任何科学或技术数据、任何产品、为任何目的,不管是盈利的还是不盈利的,而生产的过程。"惠益"是因使用生物技术研究成果,如技术或工艺信息而得到的利益、商业利润、特许权使用费,或者也可能更是无形的利益。

"赞助和促进"也未在公约中作出定义。这两个词是长期谈判的结果,用词经过仔细的选择,以避免含有强加于私营部门任何承诺——大多数发达国家不能接受的义务,尽管大多数生物技术研究和开发无疑都是在私营部门进行。因此,各缔约国都要尽其所能来实现分享。在认为可行之处可采取任何方法,但这些方法必须有充分理由能够成功。因而,预期的一些措施不仅被用于政府部门,而且也用于私营部门,至少是通过提供和使用遗传资源的缔约国双方所采取的鼓励措施来实施。

"在公平的基础上优先取得"的范围有待于相互议定。"优先取得"在公约中未做定义而且只被使用了一次。该短语意指优惠待遇。公约对"公平的基础"也未予定义。然而,谈判和最终达成相互议定的条款将会考虑到共享的和各自的利益。

寻求相互同意可能成为遗传资源取得协议谈判的部分。然而,正如第 15 条(7)款的讨论一样,许多情况下,谈判取得协议时,缔约国很难确定怎样才公平。

> 3. 缔约国应考虑是否需要一项议定书,规定适当程序,特别包括事先知情协议,适用于可能对生物多样性的保护和持续利用产生不利影响的任何由生物技术改变的活生物体的安全转让、处理和使用,并考虑该议定书的形式。

> 4. 每一缔约国应直接或要求其管辖下提供以上第 3 款所指生物体的任何自然人和法人,将该缔约国在处理这种生物体方面规定的使用和安全条例的任何现在资料以及有关该生物体可能产生的不利影响的任何现有资料,提供给将要引进这些生物体的缔约国。

公约第 8 条(g)要求每一缔约国在本国控制生物技术改变的活生物体(LMO)使用和释放而产生的危险。然而,国家的措施可得益于国际标准的建立。第 3 款和第 4 款并未直接论及各国国内关于改变的活生物体的规定,而是在生物安全问题的两个方面为将来的国际行动奠定基础。

第 3 款

第 3 款责成缔约国作为一个群体(在缔约国会议上)要考虑"生物安全"议定书的必要性和议定书可以推荐或委托的不同安全保障体系。这在公约中就是这一处提到一个专门议定。然而,必须要了解第 3 款实际上不需要一个议定书,而仅要求缔约国考虑其必要性。如果被采纳,则生物安全议定书也仅适用于批准它的那些缔约国,因为议定书是一个增补但又独立于公约的一个法律文件(见第 32 条的讨论)。

　　缔约国大会有最终决定议定书范围的权力。然而第 3 款确实指导着缔约国对问题的考虑。预期的范围限于可能影响生物多样性保护和持续利用的生物技术改变的活生物体。

　　"经遗传修饰的生物体"(GMOs)一词曾用于本款的初期草案中,但后来由"改变的活生物体"所取代。改变的活生物体未被定义,但它包括由生物技术产生的任何生物体[见第 8 条(g)的讨论]。

　　该范围进一步被限制在那些进口的或本地培养的改变的活生物体,它们的管理和使用可能对生物多样性保护和持续利用有不利影响。某一改变的活生物体的不利影响可能是直接的,也可能是间接的[见第 8 条(g)的讨论]。然而与第 8 条(g)不同的是,本款没有涉及对人类健康的危害。

　　本款要求缔约国考虑议定书是否应当包括对于缔约国之间转让改变的活生物体事先知情协议(AIA)的程序。文本没有说明事先知情协议是什么。然而,谈判者的意图可能在于建立一种程序,虽类似于控制危险废弃物跨国界转移及其处置公约(Basel,1989)的优先知情协调(PIC)程序、UNEP 化学品国际贸易信息交流伦敦指南(1989)或 FAO 农药发售和使用行为法规(1989),但考虑到假设其他那些程序提到的危害不一定适合改变的活生物体。那些其他文件结合了一个原则,就是一个国家有绝对权利拒绝有某种潜在危险的物品进口。

　　建立事先知情协议程序可以防止未经另一缔约国事先同意就将改变的活生物体从一缔约国转让到该缔约国。进口缔约国应得到出口缔约国或其国民的帮助,获得有关该改变的活生物体转让以及在可能情况下处理和使用的已知后果的全部有关信息。

　　关于本题目的 UNEP 专家小组委员会大部分成员认为事先知情协议程序一般需要:
- ·关于该生物体的信息;
- ·关于与该生物体释放有关的更需要的信息;
- ·关于出口国中该生物体安全处理和使用的立法;
- ·关于释放已计划了的各种条件的信息;
- ·初步风险评估;
- ·风险管理程序;
- ·社会经济意义的信息与评估;
- ·关于转让的实际信息(UNEP,1993d)。

第 4 款

　　第 4 款规定在转让之前向对方缔约国提供关于将改变的活生物体的信息的双边义务。即使缔约国大会决定不谈判生物安全议定书,或如其后谈判的议定书被通过但无事先知情协议要求,该义务仍然适用。

　　无论是可能提供改变的活生物体的缔约国还是其国民,都必须提供信息。应当提供的信息有两类。第一类是极其一般性的,通常包括出口缔约国本身采取的关于改变的活生物体使用和安全规章措施的任何现有资料。所提供的信息也可能适合其本国的有关部门需要查明安全性的信息需要。任何导致贯彻法规现有政策和指南都可能被提供。还可包括缔约国有关部门对于改变的活生物体采取的任何专门决策的信息。这些做法还可以包括关于改变的活生物体国内使用或出口的立法和行政的禁令。

　　应当提供的第二类信息是更专门的,适用于特殊改变的活生物体"可能产生不利影响"的任何现有资料。其信息范围看来似乎很广,可以解释为超越了生物多样性影响的范围,扩展到包括比如经济或人类健康和安全的资料。然而该义务并未要求出口缔约国或其国民实际去调查或得到在有关进口缔约国中改变的活生物体可能产生潜在的不利影响的信息。

　　第 4 款提出的义务有五个方面应当说明。第一,如果没有信息可以利用,就没有任何责任;第二,为了鼓励信息共享,进口缔约国应保证对所有未向公众公开的信息保密;第三,进口国必须具备行政和技术能力处理所提供的信息并做出结论。这需要受过技术培训的人员[见第 12 条(研究与培训)];第四,所提供信息必须是清楚而有效的格式以便进口国在特定的社会、经济、技术和法律背景下使用。否则就会妨碍做出有充分信息根据的评估能力,甚至使其成为完全不可能。

　　最后，哪些信息会实际交流将完全取决于有关缔约国对"潜在的不利影响"这个短语如何解释。如果被解释为"可能产生的不利影响"或"可能的不利影响"则所交流的信息量将是十分可观的。另一方面，如果将其解释为"可能或很可能产生的不利影响"，那么相应的信息数量就会少得多。缔约国会议可能必须考虑这个问题，以使信息需要合理化。

　　在改变的活生物体被"引进"之前提供信息还意味着进口缔约国可以决定是否允许进口。然而，由于第 4 款没有详细说明事先知情协调原则的可行性或建立生物安全事先知情协调程序，缺少第 3 款中所期望的那样一个议定书，每个缔约国不得不自行决定是否要建立这样一个关于改变的活生物体进口的程序。

第20条 资金

《21世纪议程》第15章第8节(生物多样性保护)预计1993到2000年间,每年大约需35亿美元资助其提出的生物多样性保护活动。全球生物多样性战略估计全世界每年用于保护生物多样性的费用大约需170亿美元。

诚然,这两个数字都代表着大笔资金,但对此应有正确的看法。这些钱比全世界使用生物资源活动的费用和损耗生物多样性的活动费用(McNeely,1988)、或比全世界每年约1万亿美元的军费(WRI,IUCN & UNEP,1992)要小许多数量级。

用于生物多样性保护及其组成部分持续利用的资金并非是不可回收的支出,这实际上是对每个缔约国在未来生态、经济和社会安全方面的投资。上述的总支出估算没有考虑到基因、物种和生态系统带给全国和全球的个人、商业、产业和社会的极宝贵的惠益,也没有考虑到政府因取消促使生物多样性减少的"不当的"鼓励所节省的大量经费(见第11条的讨论)。

第20条主要考虑公约规定的国家和国际的财务活动责任。第1款包括所有缔约国在国家水平提供资金的义务。第2至4款涉及发达国家向发展中国家提供新的附加资金的义务。最后,第5至7款提请考虑一些特殊的发展中国家的利益。

正如《指南》导言中所指出的,曾经相当激烈地讨论过第20条及21条(财政机制)的条款,包括慎重地留待缔约国会议阐明的用语。

1. *每一缔约国承诺依其能力为那些旨在根据其国家计划、优先事项和方案实现本公约目标的活动提供财政支助和鼓励。*

第1款承诺每一缔约国为执行本公约必须采取的国家措施提供财政支助和鼓励。每一缔约国答应尽其能力提供资金和鼓励。根据国力限定义务暗含每个缔约国必须尽最大努力达到既定目标。

如何支付生物多样性保护及其持续利用的费用是各缔约国面临的基本问题,特别是国家预算极为紧张时。解决办法应因国而异。然而,无疑必须要在目前的预算额之外找到新的资金。

但是,不应把新资金作为贯彻本公约的主要制约条件件(McNeely,1988)。当然,首要目标是应当调查现有的保护资金如何使用,是否能更合理地使用,是否成本效率更高,或是否用于更优先的问题领域。这种调查可以作为国家生物多样性战略的一部分来进行(见专栏8),还应确定和考虑直接或间接影响生物多样性的政府其他开支。应当搞清这些开支怎样才能更好地促进而不是妨碍生物多样性保护,新型的基金机制也应当搞清楚。

这种调查应与本款和第11条所要求的鼓励措施的制定相符。第11条的注释说明鼓励应当与遏制相结合,"不当的"鼓励措施应被取消,以鼓励生物多样性保护及其持续利用。

理想的是,生物多样性保护的大部分资金应来自生物资源的受益者,如非生活必需的消费、商业和工业。国家政策应谋求确认生物多样性在国家收入中的众多价值和生物资源的价格以及保护的实际成本。可以采取的措施大概包括:

- 征收木材采伐、商业性捕鱼或野生生物及野生生物产品贸易的保护税;
- 征收保护区或其他地区如森林或沼泽地提供的生态系统维护费;
- 征收国家公园入园费以补充公园管理费;
- 从生物资源开发利润(无论得自旅游还是开发)中拿出相当一部分返还给当地社区;
- 将保护基金与开发项目联系起来[见第18条(m)的讨论];
- 以自愿资助或谈判对生物多样性组成部分的使用收取最高租金的强硬特许协议的方式寻求私营部门的支助。

专栏 18　第 20、21 和 39 条反映出的资金争论及妥协方案

　　在形成生物多样性保护公约之初就很明显的问题是,帮助发展中国家的贯彻公约进行财务活动的持久资金机制对于公约的有效执行是必需的。这使它区别于其他大多数与生物多样性有关的条约。在生物多样性公约讨论的过程中,南北双方关于财务条款的分歧日益加深,形成南北两派。其焦点是:

　　• 是否和如何建立单独的生物多样性基金;

　　• 应当包括哪些费用;

　　• 谁管理资金,是缔约国会议还是现有的机构,或一个新机构。

　　发展中国家希望建立一笔由缔约国会议管理,由发达国家出资的单独基金。发展中国家的目的是将公约的资金交由他们很可能占大多数席位的缔约国会议来掌管。

　　发达国家从来也不否认为发展中国家建立基金来贯彻公约的必要性,但是他们希望由全球环境基金(GEF)——一个建立于 1990 年,由世界银行、联合国开发计划署和联合国环境规划署联合管理的新财务机构来作为公约下设的财务管理部门(见专栏 20)。第 20 条(资金)、21条(财务机制)和第 39 条(临时财务安排)是最后一次谈判会议的最后几小时达成的妥协方案。第 20 条和 21 条都含有一些故意留待缔约国会议以后澄清的模糊词语。但总的来说,缔约国会议被授权控制所建立的财务机制和组建管理该机制的机构。

　　"内罗毕最后决议"的决议 1(见附录)邀请全球环境基金(GEF)在公约开始签署至生效期间临时管理该财务机制。第 39 条指定 GEF 作为受委托的临时机构,在公约生效至缔约国会议第一次会议召开期间或直到缔约国会议另外做出决定之前管理财务机制,假如她能完成调整结构以满足第 21 条提出的该机制应以民主和透明的方式开展业务的要求。

2. 发达国家缔约国应提供新的额外的资金,以使发展中国家缔约国能支付它们因执行那些履行本公约义务的措施而承担议定的全部增加费用,并使它们能享到本公约条款产生的惠益;上项费用将由个别发展中国家同第 21 条所指的体制机构商定,但须遵循缔约国会议所制订的政策、战略、方案重点、合格标准和增加费用指示性清单。其他缔约国,包括那些处于向市场经济过渡过程的国家,得自愿承担发达国家缔约国的义务。为本条的目的,缔约国会议应在其第一次会议上确定一份发达国家缔约国和其他自愿承担发达国家缔约国义务的缔约国名单。缔约国会议应定期审查这份名单并于必要时加以修改。另将鼓励其他国家和来源以自愿方式作出捐款。履行这些承诺时,应考虑到资金提供必须充分、可预测和及时,且名单内缴款缔约国之间共同承担义务也极为重要。

　　除第 1 款所列义务以外,发达国家还需要提供"新的额外的资金",以使发展中国家能支付为执行该公约并享受其惠益而"议定的全部增加费用"。"新的额外的"意指现有的双边和多边资金之外的资金。"发展中国家"一词未被定义,但似乎不包括正在向市场经济过渡的国家(UNEP,1993)。

　　其他国家,如那些处于经济过渡中的国家,可以自愿承负发达国家的财务义务。非成员国和其他来源也可以自愿方式做出捐款。鼓励所有国家自愿做出贡献。

　　无论何种来源,资金都应通过第 21 条所建立的财务机制发挥作用。发达国家缔约国以及那些自愿承负财务义务的缔约国将在缔约国会议确定的名单中详列出来。缔约国会议应定期审查修改这份名单。

　　各种情况下的全部增加费用(见专栏 19)必须由涉及的发展中国家与缔约国会议指定运行其机制的财务机构商定。这意味着对所建议的资助措施进行逐一审查。缔结任何协议都必须根据缔约国会议指定的:

· 政策、策略和项目优先领域,

· 合格标准和

· 增加费用指示性清单。

　　本款清楚地阐明公约的财务项目的全部运作和重点由缔约国会议控制。然而赋予缔约国会议的任务是挑战性的:给定涉及公约问题的范围,增加费用指示性清单不易确立,缔约国会议应对此早做慎重考虑。

专栏 19　增加费用

总论

　　最近的全球环境法律文件如关于消耗臭氧层物质的蒙特利尔议定书(第 10 条),气候变化公约(第 11 条)和生物多样性公约(第 20 条)都包括有特别财务需要的缔约国可以得到资金的财政条款。其首要目的是帮助他们完成该协议所规定的义务。

　　除了其各自的大会所确定的标准以外,每个协议都对将为采取特别行动能资助的费用规为"增加费用"。对蒙特利尔议定书而言,这些费用被限制在"全体议定的增加费用"(第 10 条(1))。在气候变化公约和生物多样性公约中,这些费用被限制在"议定的全部增加费用"[分别见两个公约的第 4 条(3)和第 20 条(2)]。

　　增加费用是含有成本/效益分析内容的一个理论概念。成本/效益分析是对特定行动的成本和效益定量化与比较的一种尝试。理论上,确定成本和效益的过程能帮助决策者通过比较不同选择的成本和效益来做出更客观的资助决定。除了增加费用外,成本/效益分析的其他方面还包括计算某个行动的总费用、增加效益和总效益。成本以货币形式衡量,效益也可以货币形式衡量。此外,效益也能用"有效性"来衡量,例如所保护的生物多样性的量。

　　对增加费用有两种解释,即总增加费用和净增加费用。前者是对增加费用最基本的解释,表示一缔约国为完成一个条约的义务实施特殊行动(如一项政策,项目或计划)所负担的费用与其不是缔约国而采取的另一项行动(基本行动) 的费用相比所超出的值。总增加费用的算术表达式是:

　　$I_c = A_c - B_c$,其中

　　I_c = 建议行动的增加费用

　　A_c = 按照该条约采取行动的费用

　　B_c = 基本行动费用

　　净增加费用是对该概念更严格的解释。这里,计算与前述几乎相同,但还要减去该缔约国从事建议行动获得的国内惠益。净增加费用的算术表达式为:

　　$I_c = A_c - B_c - D_b$,其中

　　I_c = 建议行动的增加费用

　　A_c = 按照该条约采取的行动的费用

　　B_c = 基本行动的费用

　　D_b = 该缔约国采取建议的行动获得的惠益

上述例子的简单性掩盖了增加费用的概念在现实应用中的复杂性。特别是在生物多样性问题的应用中。首先,生物多样性公约在"议定的全部增加费用"短语中使用"全部"一词。该词在公约中未予定义,而必须由缔约国大会来定义,因为它可以代表多种不同的费用,包括机会费用、直接和间接费用或投资与运行费用。不同的资助时限也要在其定义中加以考虑。

续专栏 19　　**增加费用**

其他复杂因素包括确定生物多样性损失的折扣率、评估生物多样性保护及其持续利用的惠益,以及应付我们因缺乏生态系统的结构与功能和物种在其中所处位置的知识和了解而产生的不确定性。除此之外,另一个重要问题是确定一个代表性的基准。

前述简单公式说明,增加费用(或其附带的增加惠益)是建立适当基准的极重要的决定因素。基准活动费用被用作参照点,据此减去建议的行动费用,以确定增加费用。基准费用可以代表某一特殊情况的当前状况。涉及相互排斥的行动选择(如是否修建一座大坝或是否转移一项特别的硬技术)的基准费用对于决策有相当明确而直接的作用。最简单的基准就是不采取行动,但要记住不采取行动的代价可能相当大。

在有多种行动可选择时,如生物多样性保护的例子,确定适当的基准就更加复杂。例如,如果存在有鼓励生物多样性损失的"反常的"经济刺激(见第 11 条的讨论),那么,特别选择的基准是放任这种谬误还是排除它?在生物多样性领域,国家的生物多样性策略可以通过为国家草拟出要贯彻和达到的特殊政策与目标来提供基准。

为保证生物多样性保护及其组成部分的持续利用必须采取的措施,其实质也并非在任何情况下都经得起建立基准的检验。许多措施不是谨慎的一次性行动,如转让一项特别的技术。相反地,很多行动将经过某一定时期"在该领域内"来进行。另一个复杂化因素是不同国家会有不同的基准,因为一些国家已经采取了比别国更多的保护措施。因此,从理论上来说,那些无力为保护措施提供资金或决定不资助这些措施的国家可能比那些已采取行动的国家更适合于资助。由此可以得出的一个结论是,没有统一的基准,增加费用这一概念会鼓励部分符合条件的缔约国不采取行动。

全球环境基金与增加费用。

全球环境贷款机构(GEF)(见专栏 20)是另一个基于增加费用概念的国际机制。在其决策过程中,它要比较所建议行动的国内惠益、国内费用和全球环境利益(UNEP,1993f)。它决定并资助建议的行动获得全球环境惠益的增加费用。

在理论上,GEF 只资助获得全球环境利益的净增加费用。即获得全球环境利益的总增加费用减去该行动为其国家带来的国内惠益。(UNEP,UNDP and Word Bank,1993)。然而,由于前述的许多同样原因,该概念的简单性是靠不住的,特别是对于有关生物多样性的项目更是如此。

在生物多样性领域,人们发现增加费用这个概念太复杂,以至 GEF 不能在实际中应用(UNEP,UNDP and World Bank,1993)。建立基准是困难的,并且实际上不可能直接估算避免生物多样性减少而带来的全球惠益。而且也没有衡量进展的尺度。结果,GEF 一直不能把握增加费用这一概念,所建议的生物多样性项目的增加费用一直只被确定为该项目的总费用(UNEP,UNDP land World Bank,1993)。

为解决增加费用在其所有 4 个重点领域带来的一些问题,GEF 建立了衡量环境增加费用计划(PRINCE)。1993 年 11 月,一个 PRINCE 资助的考察团在墨西哥选择了 4 个地点开始研究增加费用在生物多样性保护中的应用(GEF,1994)。

总之,增加费用是一个理论性很强的概念。缔约国会议必须对其在生物多样性公约中的应用方式加以认真的考虑,以使其有效地应用于世界实际情况。一旦技术问题得到解决,资助决定也许只需依赖于哪些费用是一个发展中国家与为管理该公约第 21 条提出的财务机制而建的机构所"同意的"。

第 2 款最后一句指出,财政义务的实施必须考虑到对"资金提供必须充分、可预测和及时"的需要。虽然"充分"意味着所提供的资金应当充足,"可预测"和"及时"意味着定期补充使缔约国在必要时得到资金,但这些词决不意味着可以按字面理解。根据 19 国正式通过公约文本时做出的共同宣言,具体怎样向捐助国提出这些要求必须要经过缔约方大会同意和有待时日的工作来解决,因为资助本公约终究是一个国家的决策。

另一个应由缔约方大会必须澄清认证其含义的要求是必须考虑捐款缔约国之间"共同承担义务"。这个短语意为根据捐款缔约国各自的财政能力来分担财政义务。

3. 发达国家缔约国也可通过双边、区域和其他多边渠道提供与执行本公约有关的资金,而发展中国家缔约国则可利用该资金。

根据第 3 款,发达国家除了按第 2 款的义务提供资金外,还可以通过双边、区域性和多边渠道提供资金。提供这些另外的资金对第 2 款的分担义务的决定会有何影响也必须考虑。

4. 发展中国家缔约国有效地履行其根据公约做出的承诺的程序将取决于发达国家缔约国有效地履行其根据公约就财政资源和技术转让作出的承诺,并将充分顾及经济和社会发展以及消除贫困是发展中国家缔约国的最优先事项这一事实。

第 4 款强调发达国家的资金和技术转让承诺与发展中国家有效地履行该公约的能力之间的决定性联系。同时,在此再次强调了序言的第 9 款中提出的发展中国家的首要任务是经济和社会发展以及消除贫困。在联合国关于气候变化的框架公约(New York,1992)第 4 条(7)中也可以找到同样的条款。

这一陈述性声明的法律意义不易评价。它似乎仅承认,发展中国家缔约国采取的保护生物多样性和持续利用其组成部分的措施的成效取决于发达国家提供的资金和技术转让。

它也可能被发展中国家解释为履行该公约的前提条件。但这种解释也许不完全现实,因为建立这种条件的用语在公约谈判期间被提出并被否决(Chandler,1993)。

5. 各缔约国在其就筹资和技术转让采取行动时应充分考虑到最不发达国家的具体需要和特殊情况。

6. 缔约国还应考虑到发展中国家缔约国、特别是小岛屿国家中由于对生物多样性的依赖、生物多样性的分布和地点而产生的特殊情况。

7. 发展中国家,包括环境方面最脆弱、例如境内有干旱和半干旱地带、沿海和山岳地区的国家的特殊情况也应予以考虑。

第 5—7 款考虑了几组特殊的发展中国家的利益,这些国家是:
• 最不发达国家(第 5 款)
• 特别依赖生物多样性分布和地点的国家,如小岛屿国家(第 6 款);
• 环境脆弱的国家。
文本中的特别提及表明,这些国家应当在资金分配上得到优待,如果是最不发达国家,技术转让也应予以优惠。但该公约未提出标准或定义以确定某一国家是否属于这几类中之一,特别是其是否属于"环境机制最脆弱"的国家。

第 21 条　财务机制

1. 为本公约的目的,应有一机制在赠与或减让条件的基础上向发展中国家缔约国提供资金,本条中说明其主要内容。该机制应为本公约目的而在缔约国会议权力下履行职责,遵循会议的指导并向其负责。该机制的业务应由缔约国会议第一次会议或将决定采用的一个体制机构开展。为本公约的目的,缔约国会议应确定有关此项资源获取和利用的政策、战略、方案重点和资格标准。捐款额应按照缔约国会议定期决定所需的资金数额,考虑到第 20 条所指资金流动量充分、及时且可以预计的需要和列入第 20 条第 2 款所指名单的缴款缔约国分担负担的重要性。发达国家缔约国和其他国家及来源也可自愿提供捐款。该机制应在民主和透明的管理体制内开展业务。

2. 依据本公约目标,缔约国会议应在其第一次会议上确定政策、战略和方案重点,以及详细的资格标准和准则,用于资金的获取和利用,包括对此种利用的定期监测和评价。缔约国会议应在同受托负责财务机制运行的体制机构协商后,就实行以上第 1 款的安排作出决定。

第 1 款建立起使发展中国家缔约国能获得资金以使其能履行公约的财务机制。该资金将可通过补助金或借款的方式获得。这意味着这笔钱可能是无偿赠予的,或以低于市场的利率借贷的。

该机制建立于缔约国会议权力之下,遵循会议的指导并向其负责。该机制的业务应由缔约国会议决定的一个机构开展。

第 39 条把全球环境基金(GEF)(见专栏 20)指定为在公约生效至缔约国会议第一次会议期间或直至缔约国会议指定其他机构期间的临时(财务)机构。然而这取决于其彻底重组,以使该机制能民主而透明地开展工作。

第 2 款要求缔约国会议在其第一次会议上确定该机制的:

· 政策、战略和项目优先领域重点;
· 有关资金获取和利用的资格标准和准则,包括对此种利用的定期监测和评价。

这些反映出对保证该机制在一个民主和透明管理体制下开展业务的首要要求。第 2 款强调指出财务机制的下属位置:缔约国会议在同受托负责财务机制运行的(财务)机构协商后,就实行第 1 款的安排作出决定。

缔约国会议还要定期确定所需资金的数额。捐款应反映第 20 条提及的资金流动量充分、可预计的和及时的需要,以及第 20 条还提到的缔约国分担负担的重要性。

缔约国会议确定的所需资金数额是特别有争议的。发达国家担心所选择的表述可能被解释为强迫他们或 GEF 捐款。所以,当公约的协议文本在内罗毕通过时,19 个国家发表了一个共同声明。该声明记载了他们的理解,即缔约国会议的决定只是指"所需的资金数额"(公约中的原话),而不是"缔约国捐款的程度、性质和形式。"

3. 缔约国会议应在本公约生效后不迟于两年内,其后在定期基础上,审查依照本条规定设立的财务机制的功效,包括以上第 2 款所指的标准和准则。根据这种审查,会议应于必要时采取适当行动,以增进该机制的功效。

缔约国会议应在公约生效后每两年要审查机制的功效,以及资格标准和准则。缔约国会议必要时有权采取任何适当的行动以增进该机制的功效。

4. 缔约国应审议如何加强现有的金融机构,以便为生物多样性的保护和持续利用提供资金。

第 4 款要求缔约国考虑加强为生物多样性保护和持续利用提供资金的现有财务机构。财务机制将不更换已经在为生物多样性保护提供资金的现有财务机构。这样可以使向发展中国家提供资金及在生物多样性领域增加这种资助有更大灵活性。

专栏 20　全球环境基金是什么？

　　全球环境基金正式建立于 1991 年,以对人均收入不足 4000 美元的国家就 4 个全球环境问题:全球变暖、国际水域污染、生物多样性丧失和同温层的臭氧层消耗提供帮助。该机构提供额外赠款和优惠资助,以承负为获取议定的全球环境惠益而进行的投资项目、技术援助和研究所需的议定增加费用。

　　包括 12 个发展中国家在内的 28 个国家已承诺抵押 8 亿美元建立一笔基础基金,称为全球环境信托基金(GET)。其中一些国家和其他国家承诺 3 亿美元用于额外共同投资安排。最后,按照蒙特利尔议定书,已有 2 亿美元承诺用于帮助发展中国家逐步淘汰消耗臭氧层的物质。全球环境基金是由世界银行、联合国开发计划署(UNDP)和联合国环境规划署(UNEP)联合操纵的。世界银行管理 GEF,并且是 GET 的资金库,还负责 GEF 资助的投资项目。联合国开发计划署负责提供技术援助、鉴定项目,并管理非政府组织的一个小额补助金项目。联合国环境规划署作为科技咨询小组委员会(STAP)秘书处,对 GEF 的工作提供环境方面的专门技能。

　　GEF 成立的最初 3 年是试验阶段,于 1994 年 6 月结束。如果是独自实施的项目,资金限额为 1000 万美元。如果作为世界银行项目的一个部分联合实施,则限额为 3000 万美元。小额补助金项目目前有 1000 万美元的资金,单项借款不得超过 5 万美元(如果是区域性导向的项目则不超过 25 万美元)以支持与 GEF 核心领域有关的社区项目。补助金由非政府组织代表组成的国家委员会分配。

　　独立的科技咨询小组委员会由来自工业化国家和发展中国家的 15—20 名专家组成,协助制定项目选择的标准,还负责评议项目建议书。

　　试验阶段的补助金有两个基本标准。第一,项目必须使全球环境受益(见方框 19)。第二,项目必须是创新性的。

　　一个项目,如果从当地费用和惠益上看具有经济可行性,而不顾全球性环境惠益,都不能予以资助。GEF 可以资助那些没有优惠资助通常就不可行,但具有全球惠益的项目。同样,GEF 可以提供补充资金使一个可行项目产生全球性环境惠益。

　　GEF 从最初就在其内部结构、选择的执行机构及其资助的项目设计等方面遭到猛烈的批评。目前正采取行动来说明这些问题。联合国气候变化的框架公约和生物多样性公约已通过规定 GEF 作为其各自财务机制的体制机构的做法来帮助促进人们观念上的转变。1993 年底,公布了一份单独的 GEF 评价报告。

　　关于重组 GEF 的政府间谈判在 1993 年谈了一整年,并延至 1994 年。该谈判导致 GEF 的重组。这样,GEF 于 1994 年初开始了一个新阶段(GEF II),这个阶段将延续到 1996 年。捐助国本身已承诺为 GEF 补充 20.2 亿美元的资金。

第 22 条　与其他国际公约的关系

　　虽然本公约是第一个关于生物多样性的综合性公约,但还有一些现有的国际保护公约,涉及到与生物多样性公约有关的一些特殊保护问题及其他有关方面。因此,本公约与现有国际公约的关系需要详细说明。这就是第 22 条的目的。

　　本条款是国际公约的典型特色,他要说明一个新公约是否影响并在何种程度上影响过去公约所规定的义务,并有助于避免对缔约国意图的事后讨论。若没有这样一个条款,新的义务很容易被解释为目前流行的假设,即谈判者们故意通过采用关于某个特定问题的新法则来改变现有法则。

　　1. 本公约的规定不得影响任何缔约国在任何现有国际协定下的权利和义务,除非行使这些权利和义务将严重破坏或威胁生物多样性。

　　第 1 款建立一个法则,从而使现行国际公约的权利和义务不受本公约的影响。该规定涉及到"任何现有国际协定",这表明保护协定(如 CITES 或拉姆萨公约)以及貌似无关的其他问题的协定(如关贸总协定)都包括在内。

　　但该法则又受到本款末的"除非行使这些权利和义务将严重破坏或威胁生物多样性"这句话所限制。它指出,当本公约与其他协定有抵触时,如果执行其他协定会严重损害或威胁生物多样性,则应以本公约为准。所提到的权利和义务的"行使",意为在抵触情况下,其他国际公约中有抵触的具体条款在此特殊情况下不能应用。

　　然而,本款实际上可能很难实施,因为实施有赖于特定案例的环境和如何解释"严重破坏或威胁"一词。严重破坏或威胁这一看法意味着在公约生效之前必须建立一个标准。这些词语当然需要进一步的解释或指导标准。

　　2. 缔约国在海洋环境方面实施本公约不得抵触各国在海洋法下的权利和义务。

　　在谈判中有个普遍的意见,即该公约应适用于海洋环境。但其对于海洋环境的适用性使其与通行的、联合国海洋法公约推论出的现行海洋法有潜在的抵触。例如,第 8 条 a 款要建立的海洋保护区与航行权的关系,只是很多问题之一。

　　与第 1 款不同,第 2 款中现行公约性的通用的海洋法是不受一般法规限制的。第 2 款确认各缔约国必须与海洋法赋予各国的权利和义务相协调地执行生物多样性公约。因此,本公约的执行与海洋法相抵触的情况下,以海洋法为准。

　　这个结论被认为是必要的,因为海洋法的一些内容,特别是联合国海洋法公约(UNCLOS)是与生物多样性保护或生物资源的持续利用直接相关的。UNCLOS 除了是一个将于 1994 年生效的主要的部门性国际文件以外,还包括很多直接或间接关系到涉及生物多样性公约问题的条款。鉴于本款以及第 4 条和第 5 条(管辖范围和合作),应当考虑对生物多样性公约与 UNCLOS 的关系深入进行审查。

专栏 21　与生物多样性保护有关的国际条约

现已生效的一些公约涉及到生物多样性保护的各个方面。这些公约与生物多样性公约一起构成适用于生物多样性的一套制度。其中有 4 个主要的全球性文件：

关于特别是水禽生境的国际重要湿地公约（Ramsar，1971）

拉姆萨公约要求各缔约国促进保护国际重要湿地并合理地利用其管辖区内的所有湿地。应当在湿地区域建立保护措施，以便利湿地和水禽的保护。每个缔约国至少要选定一处有国际意义的湿地列入本公约保留的世界性名单中。

关于保护世界文化与自然遗产公约（Paris，1972）

世界遗产公约要求缔约国采取步骤鉴别、保护、保持其管辖区内的文化与自然遗产，并将其传赠给后代。有突出世界价值的文化和自然区域都符合列入世界遗产名单的条件。该公约建立了世界遗产基金，可以由世界遗产委员会用于帮助各国建立和保护世界遗产遗址。

濒危动植物物种国际贸易公约（Washington，1973）

濒危动植物物种国际贸易公约（CITES）管制列于其附录（Ⅰ，Ⅱ和Ⅲ）中的物种的国际贸易。附录 Ⅰ 列出由于贸易而受到或可能受到灭绝威胁的物种。按照本公约的条款，除特殊情况外，禁止这类物种的贸易。附录 Ⅱ 所列物种是目前尚未受到灭绝威胁，但如不对其贸易实行严格的国际控制，就可能会有灭绝危险的物种。附录 Ⅲ 列举出任一缔约国在其管辖范围内确定为管理对象阻止或限制开发的物种，以及需要其他 CITES 缔约国在控制国际贸易方面进行合作的物种。

移徙性野生动物保护公约（Bonn，1979）

迁徙性野生动物公约缔约国在公约框架范围内保护迁徙性野生动物及其栖息地。缔约国应承诺：(1)采取严格措施保护附录 Ⅰ 中被列为濒危的迁徙性野生动物物种；(2)通过协定保护和管理那些保护状况不佳、或通过国际合作能明显促进其保护的迁徙性野生动物。目前已经就瓦登海（Wadden Sea）的海豹、欧洲蝙蝠和小型鲸类签署了协议。另一项关于古北界水禽（Paleartic waterfowl）的协议正在草拟之中。

第23条　缔约国会议

1. 特此设立缔约国会议。缔约国会议第一次会议应由联合国环境规划署执行主任于本公约生效后一年内召开。其后,缔约国会议的常会应依照第一次会议所规定的时间定期举行。

2. 缔约国会议可于其认为必要的其他时间举行非常会议;如经任何缔约国书面请求,由秘书处将该项请求转致各缔约国后六个月内至少有1/3缔约国表示支持时,亦可举行非常会议。

第23条基本上是不言自明的。该条建立了公约的最高机构:缔约国会议。该会议由公约各缔约国代表和观察员组成,包括非政府组织(NGO)(见第5款的讨论和专栏23)。他的基本职能是指导和监督执行与进一步完善该公约的全过程。缔约国会议需举行定期会议。本公约与其他许多公约不同,他是由会议自行决定隔多长时间举行一次会议。其他公约的缔约国会议通常是每隔两三年举行一次会议。

专栏 22　缔约国会议采取的特别行动条例选摘

第23条规定了缔约国会议。该条概述了缔约国会议的广泛责任,并要求其采取其他特别行动,如为其自身及所属机构通过议事规则。此外,公约的一些条款也指示缔约国会议采取特别行动。其中最重要的条款列举如下,并强调指出那些要在缔约国第一次会议上采取的行动:

第14条第2款

审查生物多样性所受损害的责任和补救问题。

第18条第3款

在第一次会议上确定如何设立交易所机制以促进并便利科技合作。

第19条第3款

考虑是否需要一项议定书,规定适当程序,用于由任何生物技术改变的活生物体的安全转让、处理和使用。

第20条第2款

在第一次会议上确定一份发达国家缔约国和其他自愿承负发达国家缔约国财政义务的缔约国名单。

制定一份增加费用指示性清单。

第21条第1款

决定采用一个体制机构开展财务机制的业务(注:第21条第1款指出缔约国会议可在其第一次会议上决定)。

定期决定财务机制所需的资金数额。

---

3. 缔约国会议应以协商一致方式商定和通过它本身的和它可能设立的任何附属机构的议事规则和关于秘书处经费的财务细则。缔约国会议应在每次常会在通过到下届常会为止的财政期间的预算。

公约并未制定缔约国会议或其附属机构的议事规则,而是赋予会议建立这些规则的责任。规则采取协商而不是投票表决通过。秘书处的资助规则由缔约国会议以同样的方式通过。缔约国会议的主要职能之一,是通过到下届常会为止期间的财政预算。本款中所述预算是使公约作为一种机构发挥作用所必须的,包括下列费用:

- 缔约国会议的各次会议;
- 缔约国会议任何附属机构;
- 秘书处。

4. 缔约国会议应不断审查本公约的实施情形,为此应:

(a) 就按照第 26 条规定递送的资料格式及间隔时间,并审议此种资料以及任何附属机构提交的报告;

(b) 审查按照第 25 条提供的关于生物多样性的科学、技术和工艺咨询意见;

(c) 视需要按照第 28 条审议并通过议定书;

(d) 视需要按照第 29 条和第 30 条审议并通过对本公约及其附件的修正;

(e) 审议对任何议定书及其任何附件的修正,如做出修正决定,则建议有关议定书缔约国予以通过;

(f) 视需要按照第 30 条审议并通过本公约的增补附件;

(g) 视实施本公约的需要,设立附属机构,特别是提供科技咨询意见的机构;

(h) 通过秘书处,与处理本公约所涉事项的各公约的执行机构进行接触,以期与它们建立适当的合作形式;

(i) 参酌实施本公约取得的经验,审议并采取为实现本公约的目的可能需要的任何其他行动。

缔约国会议的主要责任是审查和指导公约的实施。第 4 款(a)—(i)列出缔约国会议应当尽其责任的各个方面。第 4 款(i)指出所在的各个方面并不全面;此外,其他更特殊的权限包括在公约其他条款中(见方框 22)。

本款中所列九项任务中,有四项直接关系到公约未来的发展。这表明公约的协商者很重视对文件未来的考虑和协商,以执行和扩展议定的初步框架。缔约国会议被授权通过和修订公约的议定书,以及通过和修订公约或其议定书的附件。

5. 联合国、其各专门机构和国际原子能机构以及任何非本公约缔约国的国家,均可派观察员出席缔约国会议。任何其他组织或机构,无论是政府性质或非政府性质,只要在与保护和持续利用生物多样性有关领域具有资格,并通知秘书处愿意以观察员身份出席缔约国会议,都可被接纳参加会议,除非有至少 1/3 的出席缔约国表示反对。观察员的接纳与参加应遵照缔约国会议通过的议事规则处理。

本条款与许多现行的其他公约的条款相似。它包括两个不同的方面:观察员的接纳,以及一旦接纳后,其参加缔约国会议举行的会议的权利。缔约国会议被授权根据本条第 3 款通过的议事规则管理观察员的接纳和参加会议的事项。

然而,有关接纳的一些基本原则本款中已有详细说明。有两种不同的情况:第一种情况包括一些根据其性质具有参与权的机构,因而事实上是被接纳的。这些机构有联合国及其专门机构,以及不是公约缔约国的任何国家。第二种情况包括所有其他机构——政府机构或非政府组织。这些必须提交到某一接纳议程,需要:

- 在公约所涉及的领域具有资格;
- 通知秘书处愿成为观察员;
- 在该问题的特别会议上持反对意见者不足出席缔约国总数的三分之一。

　　最后的要求表明,接纳程序不允许对参与未来所有会议资格的一揽子承认。而第二类机构为参加以后的所有会议必须重新申请观察员身份。

　　如上所述,缔约国会议还必须确定观察员参与会议的权利。这通常包括根据议事规则规定的某些准则散发文件和发言的权利。这些准则的一些先例可见于 CITES(濒危动植物物种贸易公约)以及拉姆萨尔约(湿地),伯尔尼公约(欧洲野生动物)和波恩公约(迁徙性野生动物)中。

　　以观察员身份参与会议的权利随之带来了某些义务。最重要的义务也许就是严格遵循公约的议事规则。

专栏 23　非政府组织在执行生物多样性公约中能起的作用

　　联合国环境与发展大会(UNCED)处理过程中已强调指出非政府组织在达到环境和可持续性发展目标中起的重要作用。21 世纪议程第 27 章(加强非政府组织的作用:可持续性发展的伙伴)中强调了这一点。

　　生物多样性损失的极大数量和错综复杂性将会损伤各缔约国成功地执行公约的能力和财力。生物多样性的损失的真正本质需要人们在国家和当地层次上寻求尽可能多的解决办法。在这些层次上,非政府组织的各种专门技能特别适合于帮助缔约国处理涉及保护生物多样性和持久使用其组成部分的复杂问题。因此,缔约国应更多地汲取非政府组织在这些领域的技能。

　　非政府组织可能有助于在科学、决策和公民之间架起桥梁,并因而加强决策过程。非政府组织还有助于在生物多样性的重要性和造成生物多样性损失的因素方面建立起公众意识,并通过这些而有助于创造一种政治气候,使之能决断难题并采取行动。最后,非政府组织还可以象守护神一样监督在当地、国家和国际层次上为执行公约而采取的行动。

第 24 条　秘书处

1. 特此设立秘书处,其职责如下:

(a)为第 23 条规定的缔约国会议作出安排并提供服务;

(b)执行任何议定书可能指派给它的职责;

(c)编制关于它根据本公约执行职责情况的报告,并提交缔约国会议;

(d)与其他有关国际机构取得协调,特别是订出各种必要的行政和合同协议,以便有效地执行其职责;

(e)执行缔约国会议可能规定的其他职责。

经验已经证明一个国际公约在缔约国大会休会期间,只有在一个能发挥一系列作用的秘书处支持下才可能得到满意的实施。第 24 条建立了公约的秘书处并以非限定的方式列举了其职责:1(e)款已明确地指出,缔约国大会的决定可能给秘书处授权额外的职责。在这款中所提到的职责,考虑到公约的性质,特别重要的一点是与"其他有关国际机构"的协调,其他公约的秘书处属于此范畴。

在谈判的过程中,曾不断强调过该公约的实施必须考虑到根据其他公约所进行的活动以及必须有与之有效的协作,这一目标可能看似较易实现,但是确实有实际与操作的困难。比如:每一个公约都有自己的机构和组织、缔约国,而且这些缔约国控制根据公约所开展的所有活动。因此,协调需要政治上的意愿和其他方面的支持。每一个公约都有不同的缔约国,而它们可能是也可能不是生物多样性公约缔约国,这一事实也可能使协调复杂化。与国际组织的协调也存在同样的问题。

2. 缔约国会议应在其第一次常会上从那些已经表示愿意执行本公约规定的秘书处职责的现有合格国际组织之中指定某一组织为秘书处。

根据第二款的内容,该公约的秘书处将不是一个新建立的机构。反之,大会将该秘书处的职责委托给一个现有的国际组织。需要考虑的是,这个现有的组织必须是"合格的",并且已经公开声明愿意实施大会秘书处的职责。

在该公约正式生效和有关缔约国大会召开第一次会议期间,联合国环境署将根据第 40 条设立秘书处临时机构。内罗毕最后行动案(见附件 I)也要求联合国环境署执行主任在公约生效之前,临时行使秘书处的职责(见第 40 条讨论)。

第 25 条　科学、技术和工艺咨询事务附属机构

1. 特此设立一个提供科学、技术和工艺咨询意见的附属机构,以向缔约国会议、并酌情向它的其他附属机构及时提供有关执行本公约的咨询意见。该机构应开放供所有缔约国参加,并应为多学科性。它应由有关专门知识领域内卓有专长的政府代表组成。它应定期向缔约国会议报告其各个方面的工作。

第 25 条专门建立了一个独立的多学科的附属机构以向缔约国大会和其他附属机构提供科学、技术和工艺方法的咨询。公约所有的缔约国都可以加入该附属机构。

该附属机构将由合格的政府代表组成。在第三款中,缔约国大会不用进一步地说明,看来观察员(无论来自政府机构还是非政府机构)并不被许可参与这个机构的各种会议,虽然该附属机构的程序规则可以澄清这一点。然而,实际上缔约国将有权决定他们在缔约国大会的这个附属机构和其他机构的代表形式,在其他的情况下,这一点已经导致 NGE 的大量参与,或者通过他们参加政府代表团或者通过事先磋商。

2. 这个机构应在缔约国会议的权力下,按照会议所订的准则并应其要求,应:
(a) 提供关于生物多样性状况的科学和技术评估意见;
(b) 编制有关按照本公约条款所采取各类措施取得的成效科学和技术评估报告;
(c) 查明有关保护和持续利用生物多样性的创新的、有效的和当代最先进的技术和专门技能,并就促进此类技术的开发和/或转让的途径和方法提供咨询意见;
(d) 就有关保护和持续利用生物多样性的科学方案以及研究和开发方面的国际合作提供咨询意见;
(e) 回答缔约国会议及其附属机构可能向其提出的有关科学、技术、工艺和方法的问题。

该附属机构在缔约国大会的管理下行使职责,因此,必须遵守由大会制定原则。它只能给大会本身提供咨询,且仅仅是在其要求之下。这也暗示只有大会的缔约国可向该附属机构咨询,单一缔约国则不行。

第二款(a)—(e)罗列了大会可能要求予以咨询的广阔的领域范围。第二款(b)涉及的范围尤其广。它是指"按照本公约条款所采取的各类措施"取得的成效的科学和技术评估。因此,该附属机构可能被要求评估一块由本公约履盖,且已经采取措施的地区。可能是国际的,也可能是国家水平的。唯一的局限是"措施的类型"。其意思是该附属机构将考虑由某些缔约国采取的特殊的单独行动,仅仅是措施的范畴。这种区分是否行得通,需拭目以待。

3. 这个机构的职责、权限、组织和业务可由缔约国会议进一步订立。

对缔约国大会来说,尽快解决有关使该附属机构运行的实际问题很重要。这一款承认了需要制订更细节的规划,并且说明了缔约国大会已被授权进一步制定该附属机构的职责、权限、组织和任务。

第 26 条　报告

　　每一个缔约国应按缔约国会议决定的间隔时间,向缔约国会议提高关于该国为执行本公约条款已采取的措施以及这些措施在实现本公约目标方面的功效的报告。

　　第 26 条,说明了监测公约实施的机制。每一缔约国有义务定期的报告履行公约的各种措施。报告必须包括这些措施的功效。这就是说,每一个缔约国可能要从执行第 7 条中得到的信息(查明和监测)来完成报告的责任。

　　报告将通过由秘书处交给缔约国大会审议,这种间隔性的递交报告意味着报告将由大会讨论。

　　本公约没有说明呈交报告的间隔时间。这项决定将由缔约国大会作出,许多其他的公约要求向每次缔约国大会呈交报告。

　　对缔约国大会同样重要的是决定报告的格式:为了使报告有实用价值,报告必须是可比的。因此,在报告的格式和覆盖范围上必须达成一致意见。

第 27 条　争端的解决

　　第 27 条提供了争端解决的方式,在本公约下产生的任何争端应按照其条款解决。提供的方法是"经典"的:它们包括约束和非约束的程序,更明显地强调非约束解决程序(如:谈判、斡旋或调解)。

　　1. 缔约国之间在就公约的解释或适用方面发生争端时,有关的缔约国应通过谈判方式寻求解决。

　　2. 如果有关缔约国无法以谈判方面达成协议,它们可以联合要求第三方进行斡旋或要求第三方出面调停。

　　对于每一项争端,缔约国肯定是首先通过谈判寻求解决办法,这是基本和传统的争端解决原则。

　　如果通过谈判解决方式不能够实现,争端双方可以选择第三者进行斡旋或者调解。涉及争端的双方必须共同来决定使用第三者的服务。

　　3. 在批准、接受、核准或加入本公约时或其后的任何时候,一个国家或区域经济一体化组织可书面向保管者声明,对按照以上第 1 或第 2 款未解决的争端,它接受下列一种或两种争端解决办法作为强制性办法:
　　(a)按照附件②二第 1 部分规定的程序进行仲裁;
　　(b)将争端提交国际法庭。

　　任何时候,一个国家可以向本公约的保管者发表声明,它接受通过仲裁,国际法院或谈判和调停失败,作出强制性争端解决办法。选择任何程序都导致限定性决定。只有在一个国家已经明确地声明它接受这样程序采取强制性办法时,两种程序才适用。既使缔约国已经接受仲裁或者将争端递交国际法院作为强制办法,它们仍要首先以非法律(非约束)程序力求解决其争端。

　　本公约附件二的第①部分阐述了仲裁的程序,文中提出的规则是许多其他国际公约都包含的标准程序。对于两个缔约国之间的争端,仲裁的法院将是经典的三人委员会。如果有更多的缔约国涉及争端,需有同样利益的缔约国将选择一个"共同"的仲裁者(见附件二第 1 部分第 2 条第(2)款)。

　　在国际法院之前适用的程序在国际法院条例部分有所说明。

4. 如果争端各方尚未按照以上第 3 款规定接受同一或任何程序,则这项争端应按照附件②第 2 部分规定提交调解,除非缔约国另有协议。

在缔约国没有同意接受任何法律程序(仲裁或者国际法院)和谈判、斡旋或调解失败的情况下,争端必须呈送调解。将争端呈送调解是一种义务,除非缔约国另有协议。

调解程序将不导致一个有约束的决定。调解委员会将提出解决争端的建议,有关缔约国必须真诚地考虑。五人调解委员会程序在本公约附件二的第 2 部分有所描述。有争端的缔约国也可就不同成员的委员会达成协议。

5. 本条规定应适于任何议定书,除非该议定书另有规定。

一般来说,解决争端的规则适于本公约包括的和本公约的任何议定书。然而,这些议定书本身将是国际协定,受限于第 32 条的总条款(本公约和其议定书之间的关系),它们也可以提供自己的处理争端规则。

第 28 条 议定书的通过

1. 缔约国应合作拟订并通过本公约的议定书。
2. 议定书应由本公约缔约国会议举行会议通过。
3. 任何拟议议定书的文本应由秘书处至少在举行上述会议以前六个月递交各缔约国。

本公约为生物多样性有关许多目标提供了一个法律框架。该框架被设计成一种文件可通过称为各种"协议书"的附加的法律文件来进一步发展。第 28 条涉及议定书的通过。它使缔约国有责任在议定书的拟定和通过上进行合作。同时,阐明了其通过(第 2 款)和考虑(第 3 款)的基本规则。

本公约没有说明议定书的内容。这是指本公约履盖的任何内容,如果缔约国认为必要,都可能导致一项议定书的产生。第 19 条第 3 款指出了这样的一个领域,它要求缔约国考虑。由生物技术改变的活生物体的安全转让、处理和使用上需要一项议定书以及议定书的形式,因为的活生物体可能对生物多样性的保护及其组成部分的持续利用会有负影响。

一项议定书和本公约的法律关系在第 32 条有所阐述。

第 29 条 公约或议定书的修正

1. 任何缔约国均可就本公约提出修正案。议定书的任何缔约国可就任何议定书提出修正案。

2. 本公约的修正案应由缔约国会议举行会议通过。对任何议定书的修正案应在该议定书缔约国的会议上通过。就本公约或任何议定书提出的修正案,除非该议定书另有规定,应由秘书处至少在举行拟议通过该修正案的会议以前六个月递交本公约的签署国供其参考。

3. 缔约国应尽力以协商一致方式就本公约或任何议定书的任何拟议修正案达成协议,如果尽了一切努力仍无法以协商一致方式达成协议,则作为最后办法,应以出席并参加表决的有关文书的缔约国 2/3 多数票通过修正案;通过的修正应由保管者送交所有缔约国批准、接受和核准。

4. 对修正案的批准、接受或核准,应以书面通知保管者。依照以上第 3 款通过的修正案,应于至少 2/3 公约缔约国或 2/3 有关议定书缔约国交存批准、接受或核准书之后第 90 天在接受修正案的各缔约国之间生效,除非议定书内另有规定。其后,任何其他缔约国交存其对修正的批准、接受或核准书第 90 天之后,修正即对它生效。

5. 对本条而言,"出席并参加表决的缔约国"是指在场投赞成票或反对票的缔约国。

第 29 条涉及对本公约或其议定书的修正,谁可提出修正案(第 1 款),它们将如何被通过(第 2、3 款)以及如何生效(第 4 款)。本公约的修正案由缔约国大会通过。秘书处必须在所述的时间内提前将所有建议的修正案送交有关公约缔约国。对议定书的建议修正案也必须递交给公约缔约国(见第 23 条第 4 段 e),这一点已暗含在第 2 款的最后一句,尽管并不十分清楚。对本公约和其议定书的修正案通过协商采用,而且本条要求缔约国尽力向这个目标发展。这些努力不一定是成功的,但是作为最后办法,被 2/3 多数票规定采用。

本公约及其议定书的修正案应于 2/3 公约缔约国协商表明他们接受修正,交存公约或议定书修正案第 90 天之后生效。其余的 1/3 缔约国,在第 90 天之后仅仅对每个独立的和特别的缔约国修正案生效。第 5 款是指弃权者将在决定多数票时不被考虑在内。

第 30 条　附件的通过和修正

　　象很多国际保护或环境协议一样,公约包括附件。增补的附件可能在最后阶段通过和公约的议定书也将包括有附件。本文的目的是澄清公约和它的附件或议定书和它们各自附件之间的关系,象规定通过和修正这些附件一样。

　　1. 本公约或任何议定书的附件应成为本公约或该议定书的一个构成部分;除非另有明确规定,凡提及本公约或其议定书时,亦包括其任何附件在内。这种附件应以程序、科学、技术和行政事项为限。

　　2. 任何议定书中就其附件另有规定者除外,本公约的增补附件或任何议定书的附件的提出、通过和生效,应适用下列程序:
　　(a)本公约或任何议定书的附件应依照第 29 条规定的程序提出和通过;
　　(b)任何缔约国如果不能接受本公约的某一增补附件或把它作为缔约国的任何议定书的某一附件,应于公约保管者就其通过发出通知之日起一年内将此情况书面通知保管者。保管者应于接到任何此种通知后立即通知所有缔约国。一缔约国可于任何时间撤消以前的反对声明,有关附件即按以下(c)项规定对它生效;
　　(c)在公约保管者就附件通过发出通知之日起满一年后,该附件应对未曾依照以上(b)项发出通知的本公约或任何有关议定书的所有缔约国生效。

　　3. 本公约附件或任何议定书附件的修正案的提出、通过和生效,应遵照本公约附件或议定书的提出、通过和生效所适用的同一程序。

　　4. 如一个增补附件或对某一附件的修正案涉及对本公约或对任何议定书的修正,则该增补附件或修正案须于本公约或有关议定书的修正生效以后方能生效。

　　公约或一个议定书构成各个文件完整的部分。,因而第 1 款更证实了用传统条约制定协定。尽管题材可能由议定书论述,而选题材仅局限于与公约相关的要处理的问题,可是附件是局限于程序、科学、技术和行政等类事项。
　　在第 29 条已经描述了公约和其议定书的修正,附件的提出和修正应遵循一般的规则。然而,对于一个附件的生效,公约象很多其他国际协定一样,应提供简化程序。遵照第 2 款(c),在保管者就修正案已以通知一年之后对所有缔约国附件生效,除保管者已经通知的这些缔约国以外,他们不能通过附件。这样简化程序的目的是加快生效的速度。

第 31 条　表决权

1. 除以下第 2 款的规定外，本公约或任何议定书的每一缔约国应有一票表决权。

第 1 款更明确了一国一票的规则。国际法的传统法则起源于主权平等的原则，票数不加权，每一个缔约国都有同样的权力参加。

2. 区域经济一体化组织对属于其权限的事项行使表决权时，其票数相当于其作为本公约或有关议定书缔约国的成员国数目。如果这些组织的成员国行使其表决权，则该组织就不应使其表决权，反之亦然。

单独国家和区域经济一体化组织（见第 2 条定义）都可成为本公约缔约国。表决权次数需澄清，这些组织的成员国，本公约的缔约国，都不能行使其两次表决权，即使作为一个缔约国，又通过组织。这就是为什么第 2 款规定区域经济一体化组织的成员中行使其表决权，则该组织就不应行使其表决权，反之亦然。不论是区域经济一体化组织还是成员国，依靠各自的实力行使其表决权，关系到区域经济一体化组织和其成员国，可能改变表决的主题，在这种情况下，区域经济一体化有权力行使表决权，这样做其票数相当于本公约缔约国的成员国数目。（票数是由大会上产生的）。

第 32 条　本公约与其议定书之间的关系

1. 一国或一区域经济一体化组织不得成为议定书缔约国，除非已是或同时成为本公约缔约国。

本公约和相继包括的任何议定书，从法律上来说是独立文件。因而，本公约的缔约国不一定成为任何议定书缔约国。

对比之下，公约原则和规定必须被全体所接受，因而，成为任何议定书缔约国的先决条件一定是本公约缔约国，没有一国或一区域经济一体化组职能仅仅成为一个议定书的缔约国。这条规则是必要的，作为一个公约提供公共的基础，今后议定书的建立都基于此。

2. 任何议定书下的决定，只应由该议定书的缔约国作出。尚未批准、接受或核准一项议定书的公约缔约国，可以以观察者身份参加该议定书缔约国的任何会议。

第 2 款着重强调议定书是独立的法律文件，以陈述按照任何议定书作出的决定是由这缔约国作出的。这意味着本公约的缔约国或其他议定书的缔约国，谁不是 这缔约国按考虑就没有权力参加这个议定书的决策过程。然而，这些缔约国确有权力以观察者身份参加该议定书的缔约国的各种会议。

第 33—42 条　最后措施

第 33—38 条和 40—42 条谈到本公约实施需要的途径。第一步是公约的签署,由签署人或一个加盟国签署和批准,然而如果一个公约已经生效,其是有约束力的。生物多样性公约是在 1993 年 12 月 29 日生效,第 90 天之后,30 个批准的文件(认可的、核准的或接受的)由保管者保存(见 36 条)。

同时,本公约对成为缔约国的这些 30 个国家生效,在这之后,本公约对每一个补增国向保管者递交一本正式文本 90 天后生效。

第 33 条　签　　署

本公约应从 1992 年 6 月 5 日至 14 日在里约热内卢,并从 1992 年 6 月 15 日至 1993 年 6 月 4 日在纽约联合国总部公开供各国和各区域经济一体化组织签署。

本公约在里约热内卢环境与发展大会上由 156 个政府和欧洲经济共同体签署。在一个公约上签署,正常情况下如果这个公约要求批准的话,对这个国家是没有约束力的。然而,一个政府签署一个公约之后,该国有义务制止废弃公约的主题和目的的行为(见例子,Vienna 条约法公约第 18 条。生物多样性公约的目的在第 1 条已陈述。

在本文公开签署期终结之后,希望参与公约的国家将遵循第 35 条(加入)的程序加入。

第 34 条　批准、接受或核准

1. 本公约和任何议定书须由各国和各区域经济一体化组织批准、接受或核准。批准、接受或核准书应交存公约保管者。

2. 以上第 1 款所指的任何组织如成为本公约或任何议定书的缔约组织而该组织没有任何成员国是缔约国,则该缔约组织应受公约或议定书规定的一切义务的约束。如这种组织的一个或多个成员国是本公约或有关议定书的缔约国,则该组织及其成员国应就履行其公约或议定书义务的各自责任作出决定。在这种情况下,该组织和成员国不应同时有权行使本公约或有关议定书规定的权利。

3. 以上第 1 款所指组织也应在其批准、接受或核准书中声明其对本公约或有关议定书所涉事项的权限。这些组织应将其权限的任何有关变化通知保管者。

批准、接受和核准是声明一国(或一个区域经济一体化组织)签署公约后正式愿意受一个公约来约束的不同形式(见第 33 条)。

假使区域经济一体化组织成为一个生物多样性公约的缔约国,第 2 款和第 3 款适用。最重要的是该组织和其成员国必须明确他们关于在该公约下的义务的各自的职责,此外,该组织和其成员国各自的和相关的权限必须在交由该组织的公约保管者的批准、接受或核准书上明确声明。

第 35 条　加　　人

1. 本公约及任何议定书应自公约或有关议定书签署截止日期开放供各国和各区域经济一体化组织加入。加入书应交存保管者。

2. 以上第 1 款所指组织应在其加入书中声明其对本公约或有关议定书所涉事项的权限。这些组织也应将其权限的任何有关变化通知保管者。

3. 第 34 条第 2 款的规定应适用于加入本公约或任何议定书的区域经济一体化组织。

生物多样性公约签署截止日期是 1993 年 6 月 4 日(见第 34 条)。第 35 条 5 条第 1 款指出该公约开放供各国和区域经济一体化组织加入。

加入的效果是同批准一样。往往一国或区域经济一体化组织同意由该公约约束,仅仅不同的是签署导致批准(或等同它的),而一旦公约签署截止,一国只能加入。

第 36 条　生　　效

1. 本公约应于第 30 份批准、接受、核准或加入书交存之日以后第 90 天生效。2. 任何议定书应于该议定书订明份数的批准、接受、核准或加入书交存之日以后第 90 天生效。

3. 对于第 30 份批准、接受、核准或加入书交存后批准接受、核准本公约或加入本公约的每一缔约国,本公约应于该缔约国的批准、接受、核准或加入书交存之日以后第 90 天生效。

4. 任何议定书,除非其中另有规定,对于在该议定书依照以上第 2 款规定生效后批准、接受、核准该议定书或加入该议定书的缔约国,应于该缔约国的批准、接受、核准或加入书交存之日以后第 90 天生效,或于本公约对该缔约国生效之日生效,以两者中较后日期为准。

5. 为以上第 1 和第 2 款的目的,区域经济一体化组织交存者的任何文书不得在该组织成员国所交存文书以外另行计算。

生物多样性公约是 1993 年 12 月 29 日生效,本公约应于第 30 份批准、接受、核准或加入书交存之日以后第 90 天生效。在蒙古国的批准书交存本公约保管之后,蒙古成为第 30 个缔约国。本公约就这 30 个缔约国而言,于 1993 年 12 月 29 日生效。

遵照本文第 2 款,对每一个后来的缔约国的批准、接受或本公约的核准或加入,本公约就这些缔约国而言,批准、接受、核准或加入书寄存保管者之后第 90 天该公约生效。

这就意味着本公约的义务是在不同的时间内对不同的缔约国发生影响,最明显的有关第 15 条 (3)款中"由一个缔约国提供的遗传资源这一点时绝对根据公约生效的时日才有效的。在第 15、16 和第 19 条中涉及到"。它绝对地限制了本公约的生效期限。

第 37 条　保　　留

不得对本公约作出任何保留。

一种保留是由一个国家提出正式的声明,在这时一国采取这样的行动是需要成一个为公约的一个成员,依据一国宣告它不考虑它本身受该公约某些条款的约束。这些保留必须清楚地阐明和不再在较晚的时刻作出。

任何公约的文本可以限定这些缔约国保留的权力生物多样性公约已经决定拒绝所有的保留。这种拒绝是绝对的。这一严格规定是出于期望保持该公约引起的各种义务之间的平衡,如果缔约国有权做出保留,那么这些义务就要受到威胁。

第 38 条 退 出

1. 任何缔约国于本公约对其生效之日起两年之后的任何时间向保管者提出书面通知,可退出本公约。

2. 这种退出应在保管者按到退出通知之日起一年后生效,或在退出通知中指明的一个较后的日期生效。

3. 任何缔约国一旦退出本公约,即应被视为也已退出它加入的任何议定书。

第 39 条 临时财务安排

在本公约生效之后至缔约国会议第一次会议期间,或至缔约国会议决定根据第 21 条指定某一体制机构为止,联合国开发计划署、联合国环境规划署和国际复兴开发银行合办的全球环境设施若已按照第 21 条的要求充分改组,则应暂时为第 21 条所指的体制机构。

缔约国会议根据第 21 条指定了某一体制机构运行财政机制。本条指定全球环境基金(见专栏 20)作为财政机制的临时体制机构,从该公约的生效到缔约国大会指定了永久性的体制机构,最早可能被指定的在第一次会议。

第 39 条的主题是临时指定的条件:全球环境基金根据第 21 条的要求已经作了充分的调整,全球环境基金已考虑在第 21 条提到的准则,特别是,要求在民主和透明的管理系统下运行的机制。

内罗毕最终行动决议 1(见附件)也要求全球环境基金要在该公约公开签署和生效期间内运行财政机制,尽管没有提到调整。

决议 1 也号召联合国开发计划署、世界银行、区域开发银行、联合国环境规划署和其他的联合国机构,例如粮农组织和联合国教科文组织,为该公约条款的临时执行从公开签署和生效直到第一次缔约国会议提供资金和其他资源。

第 40 条 秘书处临时安排

在本公约生效之后至缔约国会议第一次会议期间,联合国环境规划署执行主任提供的秘书处应暂时为第 24 条第 2 款所指的秘书处。

许多工作需要在一个公约的生效和第一次缔约国会议之间的临时期间内完成。本条陈述了联合国环境规划署执行主任将为生物多样性公约提供一个临时秘书处。1993 年 9 月,联合国环境规划署产生一个临时秘书处。

在第一次常会上,缔约国会议将从已经表示了他们愿意执行秘书处的职责目前能胜任的国际组织指定一个永久的秘书处[见第 24 条(2)]。

第 41 条 公约保管者

联合国秘书长应负起本公约及任何议定书的保管者的职责。

公约的保管者有重要的正式职责,尤其是它充当该公约的存贮室和信息库的地位(签署、有关文件书的保管,生效等等)。

第 42 条　作准文本

本公约原本应交于联合国秘书长,其阿拉伯文、中文、英文、法文、俄文和西班牙文本均为作准文本。

公约的所有作准文本是有相当权威的,本条约的用词意味着有同样的权威性在每一个作准文本中。在作准语言译本中有不一致的情况可能发生。它们仅由协商解以及一个或更多译本的修正来解决。增加一个具有权威性译本会使修正该公约的相关条文显得必要(来解决第 42 条)。

为此,下列签名代表,经正式授权,在本公约上签字,以昭信守。

公元 1992 年 6 月 5 日订于里约热内卢

附件 Ⅰ　查明和监测

1. 生态系统和生境：内有高度多样性，大量地方特有物种或受威胁物种或原野；为移栖物种所需；具有社会、经济、文化或科学重要性，或具有代表性、独特性或涉及关键的进化过程或其他生物进程；

2. 以下物种和群落：受到威胁；驯化或培殖物种的野生亲缘；具有医药、农业或其他经济价值；具有社会、科学或文化重要性；或对生物多样性保护和持续利用的研究具有重要性，如指示物种；

3. 经述明的具有社会、科学或经济重要性的基因组和基因。

附件 Ⅱ　第 1 部分　仲　裁

第 1 条

提出要求一方应通知秘书处，当事各方应依照本公约第 27 条将争端提交仲裁。通知应说明仲裁的主题事项，并特别列入在解释或适用上发生争端的本公约或议定书条款。如果当事各方在法庭庭长指定之前没有就争端的主题事项达成一致意见，则仲裁法庭应裁定主题事项。秘书处应将收到的上述资料递送本公约或有关议定书的所有缔约国。

第 2 条

1. 对于涉及两个当事方的争端，仲裁法庭由仲裁员三人组成。争端每一方应指派仲裁员一人，被指派的两位仲裁员应共同协议指定第三位仲裁员，并由他担任法庭庭长。后者不应是争端任何一方的国民，且不得为争端任何一方境内的通常居民，也不得为争端任何一方所雇用，亦不曾以任何其他身分涉及该案件。

2. 对于涉及两个以上当事方的争端，利害关系相同的当事方应通过协议共同指派一位仲裁员。

3. 任何空缺都应按早先指派时规定的方式填补。

第 3 条

1. 如在指派第二位仲裁员后两个月内仍未指定仲裁法庭庭长，联合国秘书长经任何一方请求，应在其后的两个月内指定法庭庭长菠。

2. 如争端一方在接到要求后两个月内没有指派一位仲裁员，另一方可通知联合国秘书长，后者应在其后的两个月内指定一位仲裁员。

第 4 条

仲裁法庭应按照本公约、任何有关议定书和国际法的规定作出裁决。

第 5 条

除非争端各方另有协议，仲裁法庭应制定自己的议事规则。

第 6 条

仲裁法庭可应当事一方的请求建议必要的临时保护措施。

第 7 条

争端各方应便利仲裁法庭的工作,尤应以一切可用的方法:

(a)向法庭提供一切有关文件,资料和便利;
(b)在必要时使法庭得以传唤证人或专家作证并接受其证据。

第 8 条

当事各方和仲裁员都有义务保护其在仲裁法庭诉讼期间秘密接受的资料的机密性。

第 9 条

除非仲裁法庭因案情特殊而另有决定,法庭的开支应由争端各方平均分担。法庭应保存一份所有开支的记录,并向争端各方提送一份开支决算表。

第 10 条

任何缔约国在争端的主题事项方面有法律性质的利害关系,可能因该案件的裁决受到影响,经法庭同意得参加仲裁程序。

第 11 条

法庭得就争端的主题事项直接引起的反诉听取陈述并作出裁决。

第 12 条

仲裁法庭关于程序问题和实质问题的裁决都应以其成员的多数票作出。

第 13 条

争端一方不到案或不辩护其主张时,他方可请求仲裁法庭继续进行仲裁程序并作出裁决。一方缺席或不辩护其主张不应妨碍仲裁程序的进行。仲裁法庭在作出裁决之前,必须查明该要求在事实上和法律上都确有根据。

第 14 条

除非法庭认为必须延长期限,法庭应在组成后五个月内作出裁决,延长的期限不得超过五个月。

第 15 条

仲裁法庭的裁决应以对争端的主题事项为限,并应阐明所根据的理由。裁决书应载明参与裁决的仲裁员姓名以及作出裁决的日期。任何仲裁员都可以在裁决书上附加个别意见或异议。

第 16 条

裁决对于争端各方具有拘束力。裁决不得上诉,除非争端各方事前议定某种上诉程序。

第 17 条

争端各方如对裁决的解释或执行方式有任何争执,任何一方都可以提请作出该裁决的仲裁法庭作出决定。

第2部分　调　解

第1条

应争端一方的请求,应设立调解委员会。除非当事方另有协议,委员会应由五位成员组成,每一方指定二位成员,主席则由这些成员共同选定。

第2条

对于涉及两个以上当事方的争端,利害关系相同的当事方应通过协议共同指派其调解委员会成员。如果两个或两个以上当事方持有不同的利害关系或对它们是否利害关系相同持有分歧意见,则应分别指派其成员。

第3条

如果在请求设立调解委员会后两个月内当事方未指派任何成员,联合国秘书长按照提出请求的当事方的请求,应在其后两个月内指定这些成员。

第4条

如在调解委员会最后一位成员指派以后两个月内尚未选定委员会主席,联合国秘书长经一方请求,应在其后两个月内指定一位主席。

第5条

调解委员会应按其成员多数票作出决议,除非争端各方另有所议,它应制定其程度。它应提出解决争端的建议,而争端方应予认真考虑。

第6条

对于调解委员会是否拥有权限的意见分歧,应由委员会做出决定。

附录　"通过生物多样性公约商定的文本会议"所通过的若干决议

决议 1

临时性的财务安排

大会，

已同意和采纳于 1992 年 5 月 22 日在内罗毕通过的生物多样性公约的文本；

考虑到为了在本公约生效后其有关条款能够早日和有效地得以实施，准备工作应在本公约开始签字和生效期间做出；

注意到为了本公约的早日和有效运行，在本公约开始签字和生效期间的财政支持和财政机制是必要的。

1. 邀请联合国开发计划署全球环境基金，联合国环境规划署和国际建设和发展银行，在临时的基础上，在本公约开始签字到生效期间，为了第 39 条的目的，根据第 21 条的原则进行财政安排的运作，直到本公约缔约国大会第一次会议召开为止；

2. 呼吁联合国开发计划署，国际建设和发展银行、各地区发展银行、联合国环境规化署和其他联合国组织和机构，如联合国粮农组织和联合国教育、科学和文化委员会提供财政和其他资源支持，以便在本公约开始签字到生效期间，为了实现第 39 条的目标，在临时的情况下使本公约关于生物多样性的条款得以实施，直到缔约国大会第一次召开。

于 1992 年 5 月 22 日通过

决议 2

在本公约关于生物多样性公约生效期间的生物多样性保护和
其组成部分持续利用的国际合作

大会，

同意和采纳 1992 年 5 月 22 日于内罗毕通过的生物多样性公约的文本主意到一旦公约生效为使其尽早和有效地操作要求作很多的准备工作；

进一步注意到，在临时安排的情况，所有政府参与各种谈判，特别是那些参加了的政府是合意的，欣喜的注意到在国家、双边和多边支持下进行的第一轮国情报告在联合国环境规化署的指导下至今已进行了工作，认识到联合国环境规划署和其他组织正在组织实施的合作计划对动员所有方面在每一个地区参与探讨生物多样性保护和其组成的持续利用的各种选择。

进一步认识到，有关生物多样性国情报告的制定是帮助各国建立其生物多样性基线信息的第一次系统尝试，是国家生物多样保护和其资源持续利用行动计划的基础；

1. 呼吁所有国家和地区经济合作组织考虑在里约热内卢召开联合国环境与发展大会期间或在以后尽可能早的时机在公约上签字，并且在此后考虑批准、接受和同意或认可本公约；

2. 邀请联合国环境规化署管理委员会考虑请求该署执行主任从 1993 年开始召开生物多样性本公约政府间委员会会议，并且考虑如下问题：

(a)一旦请求，向各国政府帮助其进一步制定国情报告工作，以承认这项工作在进一步制定他们的国家生物多样性战略和行动计划中的重要作用，特别要：

i 确定生物多样保护和其生物多样性组成部分的持续利用重要的生物多样组成部分，包括采集和评估对有效监测这些资源组分所需要的数据；

ii 确定将或者有可能对生物多样性产生不良影响的过程和活动；

iii 评估生物多样性保护和生物及遗传资源持续利用的潜在经济含意，并且说明生物和遗传资源的价值；

iv 提出生物多样性保护和生物多样性及其组成部分持续利用优先行动计划；

v 审议并建议对生物多样性国情报告指南草案进行修改；

vi 确定对各国，特别是对发展中国家提供支持以进行国情报告的方式；

(b)组织生物多样性保护和其资源持续利用科学和技术研究议程的准备工作，包括为了本公约生效之前使其生物多样性公约条款早日实施，政府间科学合作可能的临时机构的安排；

(c)考虑到阐明适当程序的议定书的需要和形式，特别要包括事先知情协议、安全转移、处理和使用由生物技术产生的且可能对生物多样性保护和持续利用产生不良影响的任何经遗传修饰的话生物体方面；

(d)转移与生物多样性保护和其组成部分持续利用的技术，特别向发展中国家转移，以及在这些领域为加强国家能力建设而进行技术合作的形式；

(e)对所要求的体制结构提出政策指导以在本公约开始签字到生效期间，在临时的基础上与本公约第 21 条相一致的，开展财政机制的运作；

(f)使第 21 条各款早日生效的方法；

(g)政策、战略和优先项目的制定以及有权获得和使用财政资源的细节标准和指南，包括定期地监测和评估这种使用情况；

(h)本公约生效之前对国际合作行动支持的财政含意和相关的安排，包括自愿为临时秘书处的运行和本公约生物多样性政府间委员会会议提供的现金和所需要实物的支持；

（i）为本公约缔约国大会第一次会议的其他准备工作；

3.进一步要求联合国环境规划署执行主任在本公约生效之前提供临时秘书处，并且要求执行主任在该临时秘书处的建立和运行上寻求联合国粮农组织和联合国教科文组织全面和积极的参与，以及在重视联合国环境与发展大会有关决议的基础上与有关公约和协议及国际农业研究磋商小组，世界保护联盟和其他国际组织秘书处的全面合作。4.邀请联合国粮农组织和联合国教科文组织为临时秘书处的组建和运行提供全力支持。5.同时要求联合国环境规划署执行主任，视环境基金的经费情况为这项工作的准备和有关会议的举办支付费用。6.邀请各国政府为临时秘书处的正常运行和本公约生物多样性政府间委员会会议的成功举办慷慨提供支持，并且为确保发展中国家的全面和有效参加提供财政支持。7.进一步要求各国政府通告与本公约条款相符和其生效期间为生物多样性保护和其组成部分持续利用采取的国家行动会议。8.同时要求主要国际和地区环境公约、协议和组织的秘书处向政府间委员会提供其开展活动的情况，并且要求联合国秘书处提供将在里约热内卢联合国环境与发展大会上被通过的《21世纪议程》的有关章节。

于 1992 年 5 月 22 日通过

决议 3

生物多样性公约与促进持续农业之间的相互关系

大会,

同意并采纳在 1992 年 5 月 22 日于内罗毕并通过的公约生物多样性文本,认识到全人类对拥有充足的粮食、住所、衣物、燃料、观赏植物和药物产品的基本和持续的需求;

强调生物多样性公约着重于生物资源的保护和持续利用;

认识到来自全世界人民关心和改良动、植物和微生物遗传资源的益惠以满足这些基本需求和对这些遗传资源所进行的机构性研究和开发所带来的惠益,回忆到在基于广泛基础上的国际组织和国际会议已经研究,讨论并为要对植物遗传资源的保护和持续利用采取紧急行动达成共识;

认识到联合国环境与发展大会筹备委员会已建议的,为粮食和持续农业,对有关植物遗传资源的就地、在农场及迁地保护及持续利用的政策与方案的优先领域,以及已综合到持续农业中的政策和方案,在不晚于 2000 年前应该采纳。这样的国家行动应特别包括:

(a)为粮食和农业持续发展在植物遗传资源保护和持续利用方面计划的准备或优先行动方案安排,如可能的话这些计划和方案应建立在为粮食和持续农业的发展对植物遗传资源的国情研究基础上;

(b)在农业系统中在合适的地方促进多样化的作物,包括作为粮食作物的有潜在价值的新植物;

(c)在合适的地方促进使用那些因缺乏了解但有潜在使用价值的植物和作物并促进对它们的研究;

(d)加强国家为满足粮食和持续农业而利用植物遗传资源的能力,植物育种和种子生产的能力,无论是通过专门机构还是农民社区;

(e)尽快在世界范围内完成现有迁地集材料第一次再繁殖和安全的繁殖;

(f)建立迁地收集材料网络;

重申联合国环境与发展大会筹备委员会已经建议的:

(a)在与国际植物遗传资源委员会,国际农业研究磋商小组和其他相关组织紧密合作的、由联合国粮农组织操办的为粮食和持续农业,加强植物遗传资源的保护和持续利用的全球系统;

(b)促进 1994 年第四届粮食与持续农业保护和持续利用植物遗传资源国际技术大会通过的关于为粮食和持续农业保护和持续利用植物遗传资源首次全球情况报告、和全球行动计划的采纳;

(c)根据生物多样性公约谈判结果相符合的,对粮食与持续农业所需要的植物遗传资源保护和持续利用全球体系进行调整;

回忆到联合国环境与发展大会筹备委员会为持续农业所需要的保护和利用动物遗传资源条款达成的协议,

1. 确认生物多样性公约条款中有关遗传资源保护和利用对粮食和农业的重要意义。

2. 督促以各类方式寻求发展生物多样性公约与为粮食和持续农业所需要的植物遗传资源保护和持续利用全球系统之间互补性合作。

3. 承认支持履行所有的活动必须要有条款,这些活动包括为粮食和持续农业保护和持续利用植物遗传资源计划在关于为持续农业动物遗传资源保护和利用计划,以上这些都已在里约热内卢召开的联合国环境与发展大会上所通过的 21 世纪议程所采纳。

4. 进一步承认寻找解决为粮食与持续农业所需要的植物遗传资源保护和持续利用全球系统中的有关重大问题方法的必要性,特别是:

(a)与本公约未取得一致的获得迁地保护收集材料;

(b)农民的权利问题。

于 1992 年 5 月 22 日通过

参考文献

Acharya R. 1992. INTELLECTUAL PROPERTY, BIOTECHNOLOGY AND TRADE—THE IMPACT OF THE URUGUAY ROUND ON BIODIVERSITY. ACTS Press, Nairobi.

Attard D. (ed). 1990. THE MEETING OF THE GROUP OF LEGAL EXPERTS TO EXAMINE THE CONCEPT OF THE COMMON CONCERN OF MANKIND IN RELATION TO GLOBAL ENVIRONMENTAL ISSUES. UNEP, Nairobi.

Axt J.R., Corn M.L. Lee M. and Ackerman D.M. 1993. BIOTECHNOLOGY, INDIGENOUS PEOPLES, AND INTELLECTUAL PROPERTY RIGHTS. Congressional Research Service—The Library of Congress, Washington, DC.

Beaumont P. 1993. *Release of Genetically Modified Organisms*, Review of European Community & International Environmental Law 2:182.

Bent S., Schwaab R., Conlin D. and Jeffrey D. 1987. INTELLECTUAL PROPERTY WORLDWIDE. Stockton Press, New York.

Bibby C.J., Collar N.J., Crosby M.J., Heath M.F., Imboden Ch., Johnson T.H., Long A.J., Stattersfield A.J. and Thirgood S.J. 1992. PUTTING BIODIVERSITY ON THE MAP: PRIORITY AREAS FOR GLOBAL CONSERVATION. International Council for Bird Preservation, Cambridge.

Birnie P.W. and Boyle A.E. 1992. INTERNATIONAL LAW & THE ENVIRONMENT. Clarendon Press, Oxford.

Blakeney M. 1988. *Transfer of Technology and Developing Nations*, Fordham International Law Journal 11:689.

Blakeney M. 1989. LEGAL ASPECTS OF THE TRANSFER OF TECHNOLOGY TO DEVELOPING COUNTRIES. ESC Publishers, Oxford.

Borkenhagen L.M. and Abramovitz J.N. (eds). 1992. PROCEEDINGS OF THE INTERNATIONAL CONFERENCE ON WOMEN AND BIODIVERSITY. Committee on Women and Biodiversity, Harvard University, Cambridge.

Bunyard P. 1989. THE COLOMBIAN AMAZON: POLICIES FOR THE PROTECTION OF ITS INDIGENOUS PEOPLES AND THEIR ENVIRONMENT. The Ecological Press, Cornwall.

Burhenne-Guilmin F. and Casey-Lefkowitz S. 1992. *The New Law of Biodiversity*, Yearbook of International Environmental Law 3:43.

Canal-Forgues E. 1993. *Code of Conduct for Plant Germplasm Collecting and Transfer*, Review of European Community & International Environmental Law 2:167.

Chandler M. 1993. *The Biodiversity Convention: Selected Issues of Interest to the International Lawyer*, Colorado Journal of International Environmental Law and Policy 4:141.

Conference for the Adoption of the Agreed Text of the Convention on Biological Diversity. 1992a. RESOLUTION TWO OF THE NAIROBI FINAL ACT (International Cooperation for the Conservation of Biological Diversity and the Sustainable Use of Its Components Pending the Entry Into Force of the Convention on Biological Diversity).

Conference for the Adoption of the Agreed Text of the Convention on Biological Diversity. 1992b. RESOLUTION THREE OF THE NAIROBI FINAL ACT (The Inter-relationship Between the Convention on Biological Diversity and the Promotion of Sustainable Agriculture).

Conference for the Adoption of the Agreed Text of the Convention on Biological Diversity. 1992c. Declaration of Australia, Austria, Belgium, Canada, Denmark, Finland, France, Germany, Greece, Italy, Japan, Malta, Netherlands, New Zealand, Portugal, Spain, Switzerland, United Kingdom and United States.

CGIAR. 1989. CGIAR POLICY ON PLANT GENETIC RESOURCES. CGIAR, Washington, DC.

Cooper D. 1993. *The International Undertaking on Plant Genetic Resources*, Review of European Community & International Environmental Law 2:158.

Correa C. 1992. *Biological Resources and Intellectual Property Rights*, 5 European Intellectual Property Review 5:154.

Ehrlich P.R. 1988. *The Loss of Diversity*, in: Wilson E.O. (ed). BIODIVERSITY. National Academy Press. Washington, DC.

Ehrlich P.R. and Daily G.C. 1993. *Population Extinction and Saving Biodiversity*, AMBIO 22:64.

Esquinas-Alcazar J. 1993. *The Global System on Plant Genetic Resources*, Review of European Community & International Environmental Law 2:151.

FAO. 1993a. HARVESTING NATURE'S DIVERSITY. FAO, Rome.

FAO. 1993b. INTERNATIONAL CODE OF CONDUCT FOR PLANT GERMPLASM COLLECTING AND TRANSFER.

FAO Commission on Plant Genetic Resources. 1993a. *Progress Report on the Global System for the Conservation and Utilization of Plant Genetic Resources*, UN Doc. CPGR/93/5.

FAO Commission on Plant Genetic Resources. 1993b. *Implications of UNCED for the Global System on Plant Genetic Resources*, UN Doc. CPGR/93/7.

FAO Commission on Plant Genetic Resources. 1993c. *Towards an International Code of Conduct for Plant Biotechnology As It Affects the Conservation and Utilization of Plant Genetic Resources*, UN Doc. CPGR/93/9.

FAO Commission on Plant Genetic Resources. 1993d. *The International Network of Ex-situ Base Collections Under the Auspices or Jurisdiction of FAO: Model Agreement for the International Agricultural Research Centres*, UN Doc. CPGR/ 93/11.

FAO Commission on Plant Genetic Resources. 1993e. INTERNATIONAL UNDERTAKING ON PLANT GENETIC RESOURCES. UN Doc. CPGR/93/Inf.2.

Folke C., Perrings C., McNeely J.A. and Myers N. 1993. *Biodiversity Conservation with a Human Face: Ecology, Economics and Policy*, AMBIO 22:62.

Forster M. 1993. *Some Legal and Institutional Aspects of Economic Utilization of Wildlife*, in: IUCN. SUSTAINABLE USE OF WILDLIFE (a compendium of papers arising from a 1993 workshop held during the 18th Session of the IUCN General Assembly, Perth, Australia). IUCN, Gland.

Gadgil M. 1993. *Biodiversity and India's Degraded Lands*, AMBIO 22:167.

Gadgil M., Berkes F. and Folke C. 1993. *Indigenous Knowledge for Biodiversity Conservation*, AMBIO 22:151.

Glowka L. 1993. *The Next Rosy Periwinkle Won't Be Free: The Fallacy of the United States' Failure to Sign the Convention on Biological Diversity.* (Unpublished).

GEF. 1994. Bulletin and Quarterly Operational Summary (January).

Gollin M. 1993. *An Intellectual Property Rights Framework for Biodiversity Prospecting*, in: Reid W.V., *et al.* BIODIVERSITY PROSPECTING: USING GENETIC RESOURCES FOR SUSTAINABLE DEVELOPMENT. WRI, Washington, DC.

Greengrass B. 1991. *The 1991 Act of the UPOV Convention*, European Intellectual Property Review 13:466.

Groombridge B. (ed). 1992. GLOBAL BIODIVERSITY: STATUS OF THE EARTH'S LIVING RESOURCES. WCMC, Cambridge.

Harmon D. (ed). (in press). COORDINATING RESEARCH AND MANAGEMENT TO ENHANCE PROTECTED AREAS. IUCN, Gland.

Heitz A. 1988. *Intellectual Property in New Plant Varieties and Biotechnological Inventions*, European Intellectual Property Review 10:297.

Hendrickx F., Koester V. and Prip C. 1993. *The Convention on Biological Diversity—Access to Genetic Resources: A Legal Analysis*, Environmental Law and Policy 23:250.

International Joint Commission and the Great Lakes Fishery Commission. 1990. EXOTIC SPECIES AND THE SHIPPING INDUSTRY: THE GREAT LAKES-ST. LAWRENCE ECOSYSTEM AT RISK.

IPGRI. 1993. DIVERSITY FOR DEVELOPMENT: THE STRATEGY OF THE INTERNATIONAL PLANT GENETIC RESOURCES INSTITUTE. IPGRI, Rome.

IUCN. 1987a. POLICY STATEMENT ON CAPTIVE BREEDING. IUCN, Gland.

IUCN. 1987b. POSITION STATEMENT ON TRANSLOCATION OF LIVING ORGANISMS. IUCN, Gland.

IUCN. 1994a. GUIDELINES FOR THE ECOLOGICAL SUSTAINABILITY OF NON-CONSUMPTIVE AND CONSUMPTIVE USES OF WILD SPECIES (January Draft). IUCN, Gland.

IUCN. 1994b. GUIDELINES FOR PROTECTED AREA MANAGEMENT CATEGORIES. IUCN, Gland.

IUCN Commission on Parks and Protected Areas. 1993. ACTION PLAN FOR PROTECTED AREAS IN EUROPE (November Draft). IUCN, Gland.

IUCN Inter-Commission Task Force on Indigenous Peoples. 1993a. INDIGENOUS PEOPLES AND STRATEGIES FOR SUSTAINABILITY (Workshop Summary Report, August). IUCN, Gland.

IUCN Inter-Commission Task Force on Indigenous Peoples. 1993b. INDIGENOUS PEOPLES AND STRATEGIES FOR SUSTAINABILITY (Indigenous Peoples Symposium Summary Report, October). IUCN, Gland.

IUCN Inter-Commission Task Force on Indigenous Peoples. 1994. INDIGENOUS PEOPLES AND STRATEGIES FOR SUSTAINABILITY (Case Studies in Resource Exploitation, Traditional Practice, and Sustainable Development, January draft). IUCN, Gland.

IUCN, UNEP and WWF. 1980. WORLD CONSERVATION STRATEGY. IUCN, Gland.

IUCN, UNEP and WWF. 1991. CARING FOR THE EARTH. IUCN, Gland.

Janzen D., Hallwachs W., Gamez R., Sittenfeld A. and Jimenez J. 1993. *Research Management Policies: Permits for Collecting and Research in the Tropics*, in: Reid W.V., *et al.* BIODIVERSITY PROSPECTING: USING GENETIC RESOURCES FOR SUSTAINABLE DEVELOPMENT. WRI, Washington, DC.

Johnston S. 1993. *Conservation Role of Botanic Gardens and Gene Banks*, Review of European Community & International Environmental Law 2:172.

Juma C. 1989. THE GENEHUNTERS: BIOTECHNOLOGY AND THE SCRAMBLE FOR SEEDS. Princeton University Press, Princeton and Zed Books, London.

Juma C. and Sihanya B. 1993. *Policy Options for Scientific and Technological Capacity Building*, in: Reid W.V., *et al.* BIODIVERSITY PROSPECTING: USING GENETIC RESOURCES FOR SUSTAINABLE DEVELOPMENT. WRI, Washington, DC.

Kamara B. 1993. *The Role of Indigenous Knowledge in Biological Diversity Conservation—Local and Global Dimensions* (Paper presented to the International Conference on the Convention on Biological Diversity: National Interests and Global Imperatives held in Nairobi, Kenya, January 1993. African Centre for Technology Studies, Nairobi and Stockholm Environment Institute, Stockholm.

Keystone International Dialogue Series on Plant Genetic Resources. 1990. 1990 FINAL CONSENSUS REPORT. Keystone Center, Keystone, USA.

Keystone International Dialogue Series on Plant Genetic Resources. 1991. 1991 FINAL CONSENSUS REPORT: GLOBAL INITIATIVE FOR THE SECURITY AND SUSTAINABLE USE OF PLANT GENETIC RESOURCES. Keystone Center, Keystone, USA.

King K. 1993a. THE INCREMENTAL COSTS OF GLOBAL ENVIRONMENTAL BENEFITS. GEF Working Paper 5. Global Environment Facility, Washington, DC.

King K. 1993b. ISSUES TO BE ADDRESSED BY THE PROGRAMME FOR MEASURING INCREMENTAL COSTS FOR THE ENVIRONMENT. GEF Working Paper 8. Global Environment Facility, Washington, DC.

Klemm, C. de 1990. WILD PLANT CONSERVATION AND THE LAW. IUCN Environmental Policy and Law Paper No. 24. IUCN-ELC, Bonn.

Klemm, C. de 1993a. GUIDELINES FOR LEGISLATION TO IMPLEMENT CITES. IUCN Environmental Policy and Law Paper No. 26. IUCN-ELC, Bonn.

Klemm, C. de 1993b. *The Implementation of the Convention on Biological Diversity In National Law* (Paper presented to the Seminar on Environmental Law and Policy in Latin America, held in Santiago, Chile, May 1993). Inter-American Development Bank, Washington, DC.

Klemm, C. de and Shine C. 1993. BIOLOGICAL DIVERSITY CONSERVATION AND THE LAW IUCN Environmental Policy and Law Paper No. 29. IUCN-ELC, Bonn.

Kothari A. 1994. *Beyond the Biodiversity Convention: A View From India*, in: Sanchez V. and C. Juma (eds).BIODIPLOMACY. ACTS Press, Nairobi.

Laird S. 1993. *Contracts for Biodiversity Prospecting*, in: Reid W.V., *et al.* BIODIVERSITY PROSPECTING: USING GENETIC RESOURCES FOR SUSTAINABLE DEVELOPMENt. WRI, Washington, DC.

Lesser W. and Krattiger A.F. 1993. NEGOTIATING TERMS FOR GERMPLASM COLLECTION. Working Paper R8W. The International Academy of the Environment, Geneva.

Lugo A.M., Parrotta J.A. and Brown S.A. 1993. *Loss in Species Caused by Tropical Deforestation and Their Recovery Through Management*, AMBIO 22:106.

McIntosh A., Wightman A. and Morgan D. 1994. *Reclaiming the Scottish Highlands: Clearance, Conflict and Crofting*, Ecologist 24:64.

McNeely J.A. 1988. ECONOMICS AND BIOLOGICAL DIVERSITY: DEVELOPING AND USING ECONOMIC INCENTIVES TO CONSERVE BIOLOGICAL RESOURCES. IUCN, Gland.

McNeely J.A. 1989. *How to Pay for Conserving Biological Diversity*, AMBIO 19:308.

McNeely J.A. 1990. *Climate Change and Biological Diversity: Policy Implications*, in: Boer M.M. and de Groot R.S. (eds). LANDSCAPE-ECOLOGICAL IMPACT OF CLIMATE CHANGE.

McNeely J.A. 1991. *Economic Incentives for Conserving Biological Diversity in Thailand*, AMBIO 22:86.

McNeely J.A. 1992. *Nature and Culture: Conservation Needs Them Both*, Nature & Resources 28:37.

McNeely J.A. 1993a. *Economic Incentives for Conserving Biodiversity: Lessons for Africa*, AMBIO 22:144.

McNeely J.A. 1993b. *Diverse Nature, Diverse Cultures*, People & The Planet 2:11.

McNeely J.A. 1993c. *From Science to Action: What is the Role of Non-Governmental Organizations?* in: Sandlund O.T. and Schei P.J. (eds). PROCEEDINGS OF THE NORWAY/UNEP EXPERT CONFERENCE ON BIODIVERSITY. Directorate for Nature Management and Norwegian Institute for Nature Research, Trondheim.

McNeely J.A. (ed). 1993d. PARKS FOR LIFE: REPORT OF THE IVTH WORLD CONGRESS ON NATIONAL PARKS AND PROTECTED AREAS. IUCN, Gland.

McNeely J.A., Miller K.R., Reid W.V., Mittermeier R.A. and Werner T.B. 1990. CONSERVING THE WORLD'S BIOLOGICAL DIVERSITY. IUCN, Gland and WRI, World Bank, Conservation International and WWF-US, Washington, DC.

Mintzer I.M. 1993. IMPLEMENTING THE FRAMEWORK CONVENTION ON CLIMATE CHANGE: INCREMENTAL COSTS AND THE ROLE OF THE GEF. GEF Working Paper 4. Global Environment Facility, Washington, DC.

Mittermeier R.A. and Bowles I.A. 1993. THE GEF AND BIODIVERSITY CONSERVATION: LESSONS TO DATE AND RECOMMENDATIONS FOR FUTURE ACTION. Conservation International Policy Papers 1. Conservation International, Washington, DC.

Mooney H. 1993. *Biodiversity Components in a Changing World*, in: Sandlund O.T. and Schei P.J. (eds). PROCEEDINGS OF THE NORWAY/UNEP EXPERT CONFERENCE ON BIODIVERSITY. Directorate for Nature Management and Norwegian Institute for Nature Research, Trondheim.

Mooney P.R. 1993. *Genetic Resources in the International Commons*, Review of European Community & International Environmental Law 2:149.

Myers N. 1993. *Biodiversity and the Precautionary Principle*, AMBIO 22:74.

Norse E.A. (ed). 1993. GLOBAL MARINE BIOLOGICAL DIVERSITY: A STRATEGY FOR BUILDING CONSERVATION INTO DECISION MAKING. Island Press, Washington, DC.

Office of Technology Assessment of the United States Congress. 1991. BIOTECHNOLOGY IN A GLOBAL ECONOMY. OTA, Washington, DC.

OECD. 1979. RECOMMENDATION OF THE COUNCIL ON THE ASSESSMENT OF PROJECTS WITH SIGNIFICANT IMPACT ON THE ENVIRONMENT. OECD, Paris.

Pennist E. 1994. *Biodiversity Helps Keep Ecosystems Healthy*, Science News 145:84.

Persley G.J., Giddings L.V. and Juma C. 1992. BIOSAFETY: THE SAFE APPLICATION OF BIOTECHNOLOGY IN AGRICULTURE AND THE ENVIRONMENT. International Service for National Agricultural Research, the Hague.

Reed D. (ed). 1993. THE GLOBAL ENVIRONMENT FACILITY: SHARING RESPONSIBILITY FOR THE BIOSPHERE. WWF, Gland.

Reid W.V. 1992. GENETIC RESOURCES AND SUSTAINABLE AGRICULTURE—CREATING INCENTIVES FOR LOCAL INNOVATIONS AND ADAPTATION. ACTS Press, Nairobi.

Runnalls D. 1993. *Integrating Environment into Economic Decision-Making: The Key to Sustainable Development*, in: Holdgate M.W. and Synge H. (eds). THE FUTURE of IUCN—THE WORLD CONSERVATION UNION. IUCN, Gland.

Shiva V. 1991. THE VIOLENCE OF THE GREEN REVOLUTION. Zed Books, Ltd., London.

Stolzenburg W. 1994. *Alien Nation*, Nature Conservancy 44:7.

Touche Ross. 1991. CONSERVATION OF BIOLOGICAL DIVERSITY: THE ROLE OF TECHNOLOGY TRANSFER (Report for the United Nations Conference on Environment and Development and the UNEP Intergovernmental Negotiating Committee for a Convention on Biological Diversity).

UNCED. 1992a. RIO DECLARATION ON ENVIRONMENT AND DEVELOPMENT.

UNCED. 1992b. NON-LEGALLY BINDING AUTHORITATIVE STATEMENT OF PRINCIPLES FOR A GLOBAL CONSENSUS ON THE MANAGEMENT, CONSERVATION AND SUSTAINABLE DEVELOPMENT OF ALL TYPES OF FORESTS.

UNCED. 1992c. AGENDA 21.

United Nations Conference on the Human Environment. 1972. STOCKHOLM DECLARATION ON THE HUMAN ENVIRONMENT.

UNCTAD. 1990. TRANSFER AND DEVELOPMENT OF TECHNOLOGY IN DEVELOPING COUNTRIES: A COMPENDIUM OF POLICY ISSUES. UNCTAD, Geneva.

UNCTAD. 1991. TRADE AND DEVELOPMENT REPORT. UN Doc. UNCTAD/TDR/11. UNCTAD, Geneva.

UNEP. 1987. GOALS AND PRINCIPLES OF ENVIRONMENTAL IMPACT ASSESSMENT (Decision 14/25 of the UNEP Governing Council).

UNEP. 1990a. *Biotechnology and Biodiversity*, UN Doc. UNEP/Bio.Div/SWGB.1/3.

UNEP. 1990b. *Relationship Between Intellectual Property Rights and Access to Genetic Resources and Biotechnology*, UN Doc. UNEP/ Bio.Div.3/ Inf.4.

UNEP. 1991a. *Description of Transferable Technologies Relevant to the Conservation of Biological Diversity and Its Sustainable Use*, UN Doc. UNEP/Bio.Div/WG.2/3/10.

UNEP. 1991b. *Interpretation of the Words and Phrases "Fair and Favourable", "Fair and Most Favourable", "Equitable", "Preferential and Non-commercial" and "Concessional"* (Note by the Secretariat to the Intergovernmental Committee for a Convention on Biological Diversity), UN Doc. UNEP/Bio.Div/N5-INC.3/3.

UNEP. 1993a. REPORT OF PANEL I: PRIORITIES FOR ACTION FOR CONSERVATION AND SUSTAINABLE USE OF BIOLOGICAL DIVERSITY AND AGENDA FOR SCIENTIFIC AND TECHNOLOGICAL RESEARCH (Expert Panels Established to Follow-up on the Convention on Biological Diversity). UN Doc. UNEP/Bio.Div/Panels/Inf.1. UNEP, Nairobi.

UNEP. 1993b. REPORT OF PANEL II: EVALUATION OF POTENTIAL ECONOMIC IMPLICATIONS OF CONSERVATION OF BIOLOGICAL DIVERSITY AND ITS SUSTAINABLE USE AND EVALUATION OF BIOLOGICAL AND GENETIC RESOURCES (Expert Panels Established to Follow-up on the Convention on Biological Diversity). UN Doc. UNEP/ Bio.Div/ Panels Inf.2. UNEP, Nairobi.

UNEP. 1993c. TECHNOLOGY TRANSFER AND FINANCIAL ISSUES: REPORT OF PANEL III (Expert Panels Established to Follow-up on the Convention on Biological Diversity). UN Doc. UNEP/Bio.Div/Panels/Inf.3. UNEP, Nairobi.

UNEP. 1993d. REPORT OF PANEL IV: CONSIDERATION OF THE NEED FOR AND MODALITIES OF A PROTOCOL SETTING OUT APPROPRIATE PROCEDURES INCLUDING, IN PARTICULAR, ADVANCE INFORMED AGREEMENT IN THE FIELD OF THE SAFE TRANSFER, HANDLING AND USE OF ANY LIVING MODIFIED ORGANISM RESULTING FROM BIOTECHNOLOGY THAT MAY HAVE ADVERSE EFFECT ON THE CONSERVATION AND SUSTAINABLE USE OF BIOLOGICAL DIVERSITY (Expert Panels Established to Follow-up on the Convention on Biological Diversity). UN Doc. UNEP/Bio.Div/Panels/ Inf.4. UNEP, Nairobi.

UNEP. 1993e. GUIDELINES FOR COUNTRY STUDIES ON BIODIVERSITY. UNEP, Nairobi.

UNEP. 1993f. INCREMENTAL COSTS AND BIODIVERSITY CONSERVATION. Report to the UNEP Executive Director. UNEP, Nairobi.

UNEP, UNDP and World Bank. 1993. REPORT OF THE INDEPENDENT EVALUATION OF THE GLOBAL ENVIRONMENT FACILITY PILOT PHASE. Global Environment Facility, Washington, DC.

UNESCO and UNEP. 1992. *Infusing Biodiversity in the Curriculum Through Environmental Education*, Connect—UNESCO-UNEP Environmental Education Newsletter 17:2 (December).

UNESCO and UNEP. 1993. *Teaching Global Change Through Environmental Education*, Connect—UNESCO UNEP Environmental Education Newsletter 18:1 (March).

Vitousek P.M., Ehrlich P.R., Ehrlich A.H. and Matson P.M. 1986. *Human Appropriation of the Products of Photosynthesis*, BioScience 36:368.

Weiss Brown E. 1989. IN FAIRNESS TO FUTURE GENERATIONS: INTERNATIONAL LAW, COMMON PATRIMONY AND INTER-GENERATIONAL EQUITY. Transnational Publishers, Dobbs Ferry, USA. and UN University, Tokyo.

Wells M. 1994. *The Global Environment Facility and Prospects for Biodiversity Conservation*, International Environmental Affairs 6:69.

Wells M.P. and Brandon K.E. 1993. *The Principles and Practice of Buffer Zones and Local Participation in Biodiversity Conservation.* AMBIO 22:157.

Wilson E.O. 1992. THE DIVERSITY OF LIFE. W.W. Norton, New York.

World Bank. 1991. ENVIRONMENTAL ASSESSMENT SOURCEBOOK. World Bank Technical Paper 139. World Bank, Washington, DC.

WCED. 1987. OUR COMMON FUTURE. Oxford University Press, Oxford.

WHO, IUCN and WWF. 1993. GUIDELINES FOR THE CONSERVATION OF MEDICINAL PLANTS. IUCN, Gland.

WRI, IUCN and UNEP. 1992. GLOBAL BIODIVERSITY STRATEGY. WRI, Washington, DC., IUCN, Gland and UNEP, Nairobi.

WWF. 1993. ETHICS, ETHNOBIOLOGICAL RESEARCH, AND BIODIVERSITY. WWF, Gland.

WWF and IUCN Botanic Gardens Conservation Secretariat. 1989. THE BOTANIC GARDENS CONSERVATION STRATEGY. IUCN and WWF, Gland.

World Zoo Organization and the Captive Breeding Specialist Group of the IUCN Species Survival Commission. 1993. THE WORLD ZOO CONSERVATION STRATEGY. The World Zoo Organization, Illinois, USA.

Yamin F. and Posey D. 1993. *Indigenous Peoples, Biotechnology and Intellectual Property Rights,* Review of European Community & International Environmental Law 2:141.

Yusuf A. 1994. *Technology and Genetic Resources in the Biodiversity Convention: Is Mutually Beneficial Access Still Possible? in:* Sanchez V. and Juma C. (eds). BIODIPLOMACY. ACTS Press, Nairobi.

缩略词

AIA	事先知情协议
BGCI	国际植物园保护(组织)
CEL	国际自然保护联盟环境法委员会
CGIAR	国际农业研究磋商组
CITES	濒危野生动植物种国际贸易公约
CNPPA	国际自然保护联盟国际公园和保护区委员会
CPGR	联合国粮农组织植物遗传资源委员会
EIA	环境影响评价
ELC	国际自然保护联盟环境法中心
FAO	联合国粮农组织
GATT	关税和贸易总协定
GEF	全球环境贷款设施(全球环境基金)
GEF/STAP	全球环境贷款设施(全球环境基金)/科学技术顾问团
GET	全球环境信托基金
GMO	经遗传修饰的生物体
IARC	国际农业研究中心
ICCBD	生物多样性公约政府间委员会
ICJ	国际法庭
IEEP	国际环境教育计划
ICSU	国际科学联合会
INBIO	国家生物多样性研究所
INC	生物多样性公约政府间协商委员会
IPGRI	国际植物遗传资源研究所
IPR	知识产权
ISIS	国际物种信息系统
IUBS	国际生物科学联合会
IUCN	国家自然保护联盟
IZY	国际动物园年鉴
LMO	经修饰的活生物体
MVP	最小可生存种群
MIRCEN	微生物资源中心
NGO	非政府组织
NBS	国家生物多样性策略
OECD	经济合作与发展组织
PRINCE	环境测度增加费用计划
PBR	植物育种者权利
PHVA	种群与生境生存力分析
PIC	事先知情同意
REIO	区域性经济综合组织
RFLP	限制性片段长度多态性
SCOPE	环境问题科学委员会

SEA	环境战略评估
SSC	国际自然保护联盟物种生存委员会
TDWG	国际植物科学分类数据库工作小组
TRIPS	关税贸易总协议与贸易有关的知识产权谈判小组
UN	联合国
UNCED	联合国环境与发展大会,也称作"地球最高级会议"
UNDP	联合国开发计划署
UNEP	联合国环境规划署
UNESCO	联合国教育、科学和文化组织(教科文组织)
UNGA	联合国大会
UNIDO	联合国工业组织
UPOV	保护植物新品种国际联合会
WCED	世界环境与发展委员会
WCMC	世界保护监测中心
WHO	世界卫生组织
WIPO	世界知识产权组织
WRI	世界资源研究所
WWF	世界野生基金会(美国过去和现在的野生动物基金会)

译 后 记

自 1992 年联合国环境与发展大会通过《生物多样性公约》以来，保护和持续利用生物多样性真正变成了全球性的联合行动。我国政府不仅批准了该《公约》，而且在国务院环境保护委员会之下成立了国家履行生物多样性公约协调组，并开展了若干重要的履约行动。然而，在具体的履约活动中，十分需要介绍生物多样性公约条款及其履行政策方面的资料。由 IUCN 环境法中心编写的《生物多样性公约指南》，从草案到正式出版，历经众多国际组织和专家的共同努力，是这一方面较为权威性的一本工具书。受 IUCN 委托，此书的中文版由我们负责。鉴于工作的连续性，我们决定将此书作为中国科学院生物多样性委员会组织编译的《生物多样性译丛（四）》出版。前三集分别是《生物多样性译丛（一）》（包括《保护世界的生物多样性》和《生物多样性——有关的科学问题与合作研究建议》两部分）、《全球生物多样性策略》和《生物多样性译丛（三）》（包括《分子进化基础》、《分子变异与生态学问题》和《生物系统学 2000 年》三部分）。我们还将继续选择国外本领域好的资料翻译出版。及时把国外新的理论、方法和动态介绍到国内，以推动中国的生物多样性保护和研究工作。

参加本书翻译的人员及分工如下：

编者的话和前言　　　　贺军钊、马克平
序言　　　　　　　　　丁洪美
第 1 条和第 2 条　　　　周吉仲
第 3 条至 12 条　　　　　胡振欧
第 13 条和 14 条　　　　单雪明
第 15 条　　　　　　　金启宏、单雪明
第 16 条　　　　　　　曹艾莉
第 17 条至 23 条　　　　周吉仲
第 24 条至 42 条和附件　曹艾莉

参加本书的审校人员：钱迎倩、蒋志刚、郭寅峰、马克平。

本书的翻译出版得到了多方面的支持与合作。中国科学院副院长陈宜瑜院士欣然为本书作序；中国科学院植物研究所钱迎倩教授、动物研究所蒋志刚教授和郭寅峰先生等对译稿作了认真校对；中华人民共和国濒危物种科学委员会常务副主任汪松教授积极推动本书的翻译工作，特别在国际联络方面的工作；中国科学院科技政策研究所的曹艾莉女士参加了大量的翻译组织工作；科学出版社对本书的出版大力支持。值此译文即将出版之际，谨对上述各位先生和同仁的无私帮助和卓有成效的工作表示衷心的感谢。

马克平谨识于北京香山
1997 年 5 月 5 日